奥妙科普系列丛书

DISCOVERY

让青少年着迷
的科普书
彩图珍藏版

揭秘
神奇的生物

郭伟梅◎编著

吉林出版集团股份有限公司·全国百佳图书出版单位

图书在版编目 (CIP) 数据

揭秘神奇的生物 / 郭伟梅编著 . -- 长春：吉林出版
集团股份有限公司， 2013.12（2021.12 重印）
（奥妙科普系列丛书）
ISBN 978-7-5534-3925-9

Ⅰ.①揭… Ⅱ.①郭… Ⅲ.①生物—青年读物②生物
—少年读物 Ⅳ.① Q1-49
中国版本图书馆 CIP 数据核字 (2013) 第 317270 号

JIEMI SHENQI DE SHENGWU

揭 秘 神 奇 的 生 物

编　　著：郭伟梅
责任编辑：孙　婷
封面设计：晴晨工作室
版式设计：晴晨工作室
出　　版：吉林出版集团股份有限公司
发　　行：吉林出版集团青少年书刊发行有限公司
地　　址：长春市福祉大路 5788 号
邮政编码：130021
电　　话：0431-81629800
印　　刷：永清县晔盛亚胶印有限公司
版　　次：2014 年 3 月第 1 版
印　　次：2021 年 12 月第 5 次印刷
开　　本：710mm × 1000mm　1/16
印　　张：12
字　　数：176 千字
书　　号：ISBN 978-7-5534-3925-9
定　　价：45.00 元

前言

Foreword

大自然总是充满了神秘色彩，不管是苍茫大漠还是原始丛林，无论是飞禽走兽还是花草虫鱼，从冰雪覆盖的北极到沟壑纵横的海底，从非洲丛林栖息的青蛙到雪域高原俯瞰大地的神鹰，它们千姿百态充满了神奇色彩，吸引着人类去探索，去求知。

在那人类社会以外的世界里，又有着怎样的"庐山真面目"？如何在自然界中寻找知识的源泉？这本书都将一一呈现，还等什么，赶快来翻开这本充满新奇和惊喜的书吧！

目录

第三章　可怕的剧毒之物

目录

CONTENTS

目录

第一章
地球上的活化石

大千世界无奇不有，在我们这个美丽的星球上，存在着许多我们所不熟知的事物，沙漠里怎么会有章鱼？娃娃鱼为什么会发出婴儿啼哭的声音？五彩缤纷的珊瑚是怎么形成的？

小朋友们现在是不是迫不及待地想要知道答案呢？

Part1 第一章

沙漠章鱼——百岁兰

提起章鱼，小朋友们是不是都想起《海绵宝宝》里的章鱼哥了呢？但章鱼哥是生活在海底的，那么生活在沙漠的章鱼会是什么样的呢？其实，这里所说的沙漠章鱼并不是一种动物，而是一种植物！

这个"沙漠章鱼"有一个名字叫作百岁兰，可是它怎么会有这样一个奇怪的名字呢？那就不得不提到百岁兰奇异的外貌了！

知识小链接

百岁兰每逢花开时节，茎顶上面会就出现一些同心沟，在同心沟的外方会抽出球果状的穗形花序，鲜红的花片，光泽艳丽。

联想到章鱼哥不怎么英俊的外貌，小朋友们大概就可以想到百岁兰也不会天生丽质！看它那又矮又粗的茎部，而且茎的顶部还向下凹陷着，小朋友们有没有想到章鱼哥那个秃秃的头顶呢？在凹陷的"盆"的边缘还长着两片长长的叶子，肥肥软软，向外肆无忌惮地伸展着，就像章鱼的爪一样。

不过，可不要小看这两片长长的叶子，百岁兰的一生只有两片叶子，它们相濡以沫，一生相伴，有始有终！

◆沙漠章鱼——百岁兰

百岁兰的每片叶子长 2～3 米，宽 30 厘米，分别向两侧的地面寻找生长空间，接触到地面之后再向外不断地延伸，就这样叶片的顶端经过沙漠上飞沙走石的侵袭而变得干枯，再加上水分不足，风吹日晒，最后叶片的顶端就变得四分五裂。每当狂风呼啸而过，这些四分五裂的窄条就四处散乱开来，扭扭曲曲，远远望去，就像是一个巨大的章鱼在沙漠上艰难地爬行，所以，百岁兰有"沙漠章鱼"的称谓也不足为奇了。

百岁兰可是植物界的老寿星呢。我们常听人说："松柏常青，永不凋落。"其实这是一种误传，自然界中没有永不凋落的常绿树，它们的树叶只是逐渐更替而已，一部分脱落，一部分在新生，所以人们看到的松柏总是四季常青、郁郁葱葱。尤其是春天到来的时候，植物都要换上新装迎接新一轮的生长。不过这百岁兰却是一个例外，它的两个叶片能生存超过一百年之久，而且不必像其他植物那样年年春天换新装，如果说换的话，它也是"百年一换"！更神奇的是，目前有科学家发现了最长寿的百岁兰已经活了两千多年，它可是名副其实的老寿星呢！

小朋友们会不会有疑问，沙漠里气候干燥，雨水稀少，连人类都难以存活下来，百岁兰为什么能存活数百年乃至千年之久？是有什么独

❖沙漠

❖ 沙漠章鱼——百岁兰

门秘笈呢？答案其实很简单，根系发达的百岁兰为了活命，拼命地汲取地下的水分，同时能把遥远海边吹来的雾气及时地保留下来据为己有。就这样，与恐龙同属一个时代的百岁兰在大自然中孤单并坚韧地为沙漠增添一份美丽。

它们在进化过程中没有发生前进进化，也没发生分支进化，更没有发生迁徙中转，而是处于停滞化状态，因此，它们是在生活环境不变，且成活率极低的情况下，几百万年时间内几乎没有发生变化。

相比于其他同时代早已灭绝的生物，只有它们生存了下来，生活在一个极其狭小的区域，成了"活化石"。

Part1 第一章

可爱的国宝大熊猫

大熊猫属于食肉目、大熊猫科的一种哺乳动物，体色为黑白两色。

大熊猫已经在地球上存在至少 800 万年了，凭借着悠久的历史，大熊猫能不被尊称为"活化石"和"国宝"吗？作为世界生物多样性保护的物种、世界自然基金会形象大使、国家一级保护动物，大熊猫们凭借圆圆的脸颊，怎么也洗不掉的黑眼圈，肥嘟嘟的身体，标志性的内八字，还被冠以"世界上最可爱的动物"。

❖ 可爱的国宝熊猫

虽然在地球上已经生存了 800 万年以上，但是大熊猫依然保存着祖先独居的习性。从小便离开母亲，成为一个在竹林里独来独往的流浪汉，走到哪里就在哪里休息，没有昼夜，不择场合，瞧，虽然是个流浪汉，但是吃了就睡，醒了再吃，四处游玩，这种"乐天派"的个性，小朋友们是不是很佩服呀！

❖ 可爱的国宝大熊猫

大熊猫们还有轻微强迫症呢！比如喝水的时候，野牛、山羊、鹿爱饮用的"盐水"它不喝，不清洁的臭水它们避之不及！必

须是那清凉甘甜的潺潺泉水才能让它们驻足饮用。哪怕是到了冬季，它们也会不辞辛劳地到溪流泉源处去饮用流动的水。瞧瞧，是不是很讲究生活品位呢！

大熊猫从小就离开母亲独步天下，它们流浪的范围一般仅限于自己的领地内，可是，它们怎么划分自己的地盘呢？一般而言，大熊猫在巡视之后，就会在树上留下抓痕，或者排出粪团、尿液，只要留下气味就行，只要做好了记号，哪怕游荡多远也不担心会迷路啦。

大多数动物有冬眠的习性，可是这大熊猫就偏偏特立独行，哪怕竹林被皑皑白雪覆盖，它们索性就把那当作自己的白色帐篷。那么大熊猫为什么如此不惧严寒呢？大熊猫的毛很粗，里面充满了髓质，就像一个个缩小了的保温瓶，再加上厚厚的毛层，保温性能就更上一层楼啦。这样又粗又厚的毛发就像一件"毛衣"，使得大熊猫抗得了寒气、耐得住湿气，没有风湿病，腰也不酸，腿也不疼，在雪地里也能随心所欲地睡大觉啦！

最后咱们来说一说大熊猫的别名吧！据古籍记载，大熊猫有 20 多个古

❖ 贪吃的国宝大熊猫

❖ 玩耍中的国宝大熊猫

名——貔貅、白豹、执夷、貘挚兽、皮裘、角端、貔或干将（指雄兽名）、貅或莫邪（指雌兽名）、貘或、貊或、玄貘、貘、白狐、猛豹、猛氏兽、啮铁、食铁兽、林云等。不过到了近代，最初通用名称是猫熊或者大猫熊，可是20世纪50年代初在重庆北碚博物馆首展的时候，说明标题上横书"猫熊"二字，但参观者习惯性地把猫熊读成了熊猫，后来，这个美丽的错误就演变成现在约定俗成的名称啦。

现在小朋友们是不是对大熊猫更加了解了呢？在动物园里见到它们不要忘记和它们打个招呼呀！

小熊猫属小熊猫科，是一种介于熊科和浣熊科的动物。浣熊科仅分布于新大陆，而小熊猫的分布相对孤立。所以，大熊猫和小熊猫是两种不同的动物，大熊猫的宝宝不能够用小熊猫来称呼。

❖ 可爱的国宝大熊猫

Part1 第一章

叫声奇特的娃娃鱼

初闻"娃娃鱼"这个名字，小朋友们都会有怎样的想象呢？可不要被它的名字给迷惑啦，这个娃娃鱼跟鱼可没有一丁点关系，娃娃鱼不是鱼，而是两栖动物，如果真要把娃娃鱼和鱼联系起来的话，就只能说鱼可以作为娃娃鱼的盘中餐！而它之所以叫娃娃鱼，只不过因为它的叫声很像娃娃的哭声，所以人们就给它取了一个很可爱的名字——娃娃鱼。

◆ 叫声奇特的娃娃鱼

娃娃鱼本名大鲵，是世界上现存的最大、最珍贵的两栖类动物。成年娃娃鱼身长一米以上，体重超过百斤，外形看起来和蜥蜴很像，不过更肥壮扁平一些。除了头部扁平、钝圆，身体前部也扁扁平平，延伸到尾部又逐渐转为侧扁平。四肢也是又短又扁，尾呈圆形，整个看上去软塌塌的。很难想象这样身躯怎么会成为山中水域的"恶霸"呢！

作为资深两栖类动物，娃娃鱼主要栖息在水质清澈、水流湍急并且要有回流水的洞穴中。所以在其他地方小朋友们是很难看到它的。既然是两栖动物，娃娃鱼自有自己的生存绝招，它们在水中用鳃呼吸，在水外则是用肺和皮肤呼吸。娃娃鱼的皮肤光滑无鳞，但有各种斑纹，布满了黏液，这样就可以保证它们在水外也能维持身体的湿度，从而可以正常呼吸。

不得不提的是，娃娃鱼虽然名字听起来很可爱，但是它的性情可是相当

❖ 叫声奇特的娃娃鱼

凶猛啊！娃娃鱼是肉食性动物，鱼虾蛙，蛇鳖鼠，鸟蟹昆虫，落到娃娃鱼嘴里可都在劫难逃。娃娃鱼捕食还很有谋略，一般采取"守株待兔"式，别看它平时一动不动，但是一旦发现猎物经过，它便突然袭击，又尖又密的牙齿虽然不能咀嚼，但是它们会将到嘴的食物囫囵吞下，然后在胃中慢慢消化，这"恶霸"之名也着实真切呀！

此外，娃娃鱼有很强的耐饥本领，饲养在清凉的水中哪怕二三年不进食也不会饿死，所以，能成为珍贵的"活化石"，娃娃鱼不辱此名呀！能耐饥同时也能暴食，它们饱餐一顿的时候，体重可以增加五分之一呢。但是如果实在饥饿难耐，它们就会毫不留情地朝自己的同伴下黑手，同类相残，甚至还会以卵充饥。

娃娃鱼是3亿年前与恐龙同一时代的物种，恐龙适应不了生存环境的变化而灭绝，但是娃娃鱼坚强地生存并延续下来了，其珍稀程度不言而喻。作为现存最大的两栖类动物，娃娃鱼有"活化石"的称谓，具有非常重要的研究价值，但是随着生态环境的恶化，娃娃鱼在许多地方濒临灭绝，因此保护珍稀动物，爱护我们生活的环境，要得到人们的普遍认识和关注。

知识小链接

中国大鲵作为国家二类保护水生野生动物，其原产地主要集中在中国的五大区域：一是湖南张家界、江永、岳阳，湘西自治州和福建武夷山；二是湖北房县、神农架，麻城龟峰山；三是陕西汉中、安康、商洛；四是贵州遵义和四川宜宾、兴文、威远葫芦口、巴中南江等地；五是江西靖安。其中靖安县于2005年8月，被中国水产加工与流通协会授予"中国娃娃鱼之乡"称号。

爬行动物我最大

小朋友们现在已经知道娃娃鱼不是鱼而是两栖动物，那么接下来我们要认识的鳄鱼，也不是鱼，它是爬行动物中的一员。鳄鱼和恐龙是同时代的动物，不过恐龙早已成为化石，鳄鱼却从两栖动物进化成爬行动物而存活下来，由此可见其生命力之顽强令人不可小觑呀！

接下来，我们要认识的就是世界上最大的爬行动物——河口鳄。河口鳄属于恐龙家族，两亿年前就在地球上横行霸道了，能存活至今，可见其在弱肉强食的食物链中无敌的战斗力。

淡水与咸水同栖

河口鳄同其他鳄鱼一样，习惯栖息于河口、死潭、沼泽地中，而且不管是淡水还是咸水都能够生存，双重的生存环境相较于其他淡水鳄就让它们多了一重生存保障。

河口鳄的领土意识非常强，成熟的河口鳄会到咸水河岸边进行交配，并且会攻占领土，强势一点的就会在此划分出自己的领土范围，而相对弱势的河口鳄就见好就收，被迫离开，沿着河岸找寻适合的栖

❖ 凶猛的河口鳄

息地。所谓识时务者为俊杰，河口鳄果真熟知自然界的生存法则呀！

一战成名的食人鳄

　　河口鳄性情异常凶猛，又名食人鳄的它们因"二战"末期的兰里岛之战而一战成名。所谓兰里岛之战是第二次世界大战末期，在缅甸兰里岛附近英国与日本军队之间的一场小战役。这场战役之所以奇特，是因为其间发生了一件很特别的事情，就是近千名日军被鳄鱼吃了！

　　如此骇人听闻的事实使得河口鳄被人们冠以"食人鳄"的恶名。据后来的资料分析，那些河口鳄在白天时可能被英军和日军的炮火声吓坏了，不得不藏在水中，因此日军没有发现他们。而天黑以后，潮水退下，当日军休息以备第二天的战斗时，士兵伤口的血腥味引来大群鳄鱼凶猛袭击，疲惫的日军虽然拼命用机枪、步枪向鳄鱼射击，但还是招架不住河口鳄的凶残攻势，最终有900多人葬身鳄腹，几乎全军覆没。

无敌的咀嚼力

2012 年 3 月，美国佛罗里达州立大学的古生物学家格雷高里、埃里克松开展了一次前所未有的咀嚼力测试。这样的测试可谓史无前例，而测试结果也是惊人的——在鳄鱼物种中河口鳄的咀嚼力是最强大的，它们的颌骨闭合时撞击力达到 16,460 牛顿。其咀嚼力甚至可以与恐怖的暴龙相媲美，不过作为和恐龙同时代的物种，河口鳄的咀嚼力之惊人是其跟随环境变化演进的结果。而到底有多惊人呢？我们对比一下就知道了，小朋友们撕咬牛排的力量大约有 890 牛顿，鬣狗、狮子和老虎的咀嚼力大约是 4450 牛顿，那么现在小朋友们了解 16,460 牛顿的威力了吗？

认识了世界上最大的爬行动物，小朋友们是不是觉得视野更加开阔了呢？但是大千世界，无奇不有，这些不过是沧海一粟，我们要认识的，还有很多很多。

知识小链接

鳄鱼在各大洲的分布

亚洲：鳄鱼中最为危险的鳄鱼之一——食鱼鳄，生活在印度，长着与众不同的长而窄的吻——形状酷似煎锅的手柄；扬子鳄，是所有鳄鱼中濒临灭绝的一种。

非洲：尼罗鳄，是现存鳄鱼中最为凶猛一种。

大洋洲：约翰斯顿鳄鱼，它生活在澳大利亚北部的热带地区。

美洲：美洲短吻鳄，佩滕鳄，主要分布在墨西哥，危地马拉及伯利兹；美洲鳄，它在广饶的美洲各地均有分布。此外还有黑凯门鳄、库维尔侏儒凯门鳄、眼镜凯门鳄等。

❖ 食人鳄

Part1 第一章

缤纷多彩的海底花园

波澜壮阔的大海深处为何会有五彩斑斓的海底花园？这样神奇绚丽的秘境有着怎样的秘密？下面就一起去那片令人心驰神往的地方一窥究竟吧。

海洋中的玉树

珊瑚，是海洋奉献给人类的最美丽的花朵。从远古至今，珊瑚一代一代地生存、繁衍，凭其特有的防护功能护卫着身后的黄金海岸，被誉为海洋生态的"保护神"。珊瑚还与五光十色的鱼虾贝藻一道，构成了独特的海洋生态系统，唱响了一曲海洋生命之歌。

不过在认识珊瑚之前，我们先来认识一下珊瑚虫。其实，珊瑚不过是珊瑚虫分泌出的外壳，可是，它们之间究竟有着怎样奇妙的关系呢？

珊瑚虫身体呈圆筒状，有八个或八个以上触手，触手中央有口。喜欢群居的它们，结合成一个群体，那些触手伸展开来就像树枝，而珊瑚就是它们的骨骼，

❖ 珊瑚

所以我们平时能看到的珊瑚便是珊瑚虫死后留下的骨骼。

生命的奇迹

珊瑚是生命的奇迹。它很古老，可以追溯到4亿多年前；它很神奇，以小小的身躯构筑了无数岛礁；它很美丽，幻化出世间最绚丽奇妙的"海底花园"；它很无私，千万年来为人类阻挡风浪，更为上千种海洋生物营造了快乐家园。

❖ 珊瑚虫

珊瑚虫为海底的藻类植物提供了生长的温床，这是因为珊瑚虫体内排出的废物是藻类植物的营养来源，而藻类植物则给珊瑚虫提供了氧气，这样一来，两者就形成了相互依存的关系，是一对亲密的小伙伴。

同时，由于珊瑚的更新换代，不断累积，积沙成塔，聚少成多，慢慢地就形成了硕大的珊瑚礁和珊瑚岛，还有世界上最著名的大堡礁，都是由小小的珊瑚虫建造的，坚固的珊瑚岛不仅可以供人居住，还有很好的开采价值，也为人类提供了宝贵的财富。

"珊瑚"在哭泣

珊瑚不仅美丽，而且给人类带来了宝贵的财富，为人类的生存做出了许多贡献，但是我们也很痛心地看到许多人为了谋取利益而对其肆无忌惮地开采，不仅破坏了珊瑚的生存环境，连它们的亲密伙伴藻类植物也遭到了破坏，而且能够给鱼类提供良好生存环境的珊瑚礁和珊瑚岛也不断缩小面积，给鱼儿们的生活带来了极大麻烦。

所以我们在赞叹珊瑚给我们带来的美妙视觉感受和丰富的宝贵财富的时候，也不要忘记安静下来仔细倾听它们的诉说，听听它们不得已的生存困境，为保护它们做出一些努力。

珊瑚的确美丽，但海底花园才是它们的家，所以，纵然它们有极好的观赏价值和药用价值，人类也应该认识它们维持生态平衡所发挥的作用，保护珊瑚，保护珊瑚虫，让它们不再哭泣。

知识小链接

珊瑚礁的生态功能：一是维护海洋生物多样性；二是珊瑚礁能保护脆弱的海岸线免受海浪侵蚀；三是维持渔业资源，许多具有商业价值的鱼类都由珊瑚礁提供食物来源及繁殖的场所；四是珊瑚礁多变的形状和色彩，把海底点缀得美丽无比，因而是一种可供观赏的难得的旅游资源；五是保护人类生命；六是减轻温室效应，珊瑚在造礁过程中，吸收了大量二氧化碳，从而减轻了地球的温室效应。

Part1 第一章

海参的**独门秘笈**

脆弱的生命如何在险象环生的海洋中生存达六亿年之久？究竟是怎样的生存技巧使其不断繁衍后代而没有灭绝？不会游泳如何与海洋中的狂风巨浪搏击？其实，它并没有那么神秘，而且经常为人们所见，它就是海参。

海洋世界并不只是有美丽的海底花园，恰恰相反，危机四伏才是海洋的真实写照，随时会有凶残狡诈的敌人虎视眈眈，因此在海底生存，没有一套万全之策是万万不可的。那么海参的护身术是如何练就的呢？

知识小链接

海藻是生长在海中的藻类，是植物界的隐花植物，藻类包括数种不同类以光合作用产生能量的生物。它们一般被认为是简单的植物。海藻的主要特征为：没有真正根、茎、叶的分化现象；不开花，无果实和种子；生殖器官无特化的保护组织，常直接由单一细胞产生孢子或配子；无胚胎的形成。

独门秘笈之一——未卜先知

海参能够预测天气，当风暴来临之前，海参就已经知道了，于是巧妙地躲到石缝里避难，这样一来，不会游泳的它们，当然能够躲得过大风大浪的侵袭了。

❖海参美食

独门秘笈之二——排脏功能

不要感到不可思议，尽管海参神通广大能够未卜先知，但是，总有遇到危险避之不及的时候。在这种情况下，海参就迅速地把自己的五脏六腑一股脑儿全部喷射出来，让对方吃掉，而自身借助排脏的反冲力，逃得无影无踪。当然，没有内脏的海参才不会死掉呢，大约 50 天吧，它们就又会长出一副新的内脏出来了。

独门秘笈三——分身术

既能够未卜先知，还会用排脏功能声东击西从而逃之夭夭，海参还有一个撒手锏，那就是分身术！当外界环境对自己十分不利的时候，海参就会主动把自己的身体切开。不过被自己切开的身体在不久之后，又会重新生长，变成一个新的个体。

独门秘笈之四——夏眠

小朋友们都知道很多动物有冬眠的习性，可是海参恰恰相反，它们喜欢在夏季睡觉！当水温升高的时候，海参就悄无声息地潜伏在深海的岩礁暗处，背面朝下开始安安稳稳地睡大觉，不吃不喝不动弹，三四个月之后才会醒来，整个身体都变得萎缩啦。其实，和其他动物冬眠的道理一样，海参夏眠的原因是因为随着夏天到来，海面温度升高，小生物们都

❖ 海参

❖ 变色海参

游到上层水域进行繁殖去了，食物如此匮乏，让不会游泳的海参只得眼巴巴地守候在水底等待，为了保存体力它们干脆睡觉等待着秋天的到来。

独门秘笈之五——变色

海参能随着居处环境而变化体色，比如，生活在岩礁附近的海参，体色为棕色或淡蓝色。而居住在海藻、海草中的海参则为绿色。海参的这种体色变化，可以有效地躲过天敌的巡视，不费吹灰之力就能够避免天敌的威胁。

这五大神奇的法宝怎能不让海参在海底生存六亿年之久呢？小朋友们是不是已经被海参高超的独门秘笈惊呆了？想知道海参神奇的护身术背后的秘密吗？那就努力学习，一探究竟吧！

Part1 第一章

铁树当然会开花

小朋友们都知道铁是一种金属，可以制成斧头、刀具、锯子等，可谓树木的克星，可是神奇的大自然中偏偏有例外——喜欢吃铁的树！可是树木怎么喜欢吃铁呢？到底是怎么一回事？快来看看吧！

铁树传说

这种喜欢吃铁的植物名叫苏铁，也称为铁树、凤尾棕等，而"铁树"这一名称用得最多。关于这名字的由来还有两种不同的说法：一说是因为铁树木质密度非常大，放到水里不会像其他树木那样浮在水面，而是沉下去，因沉重如铁而得名；另一说是因为它的生长需要大量铁元素，即使是衰败垂死，只要用铁钉钉入主干内，或者在土壤中撒入一些铁粉，就可起死回生，重获生机！

铁树开花

俗话说"铁树开花，哑巴说话"，难道看铁树开花就那么难吗？其实，作为慢性子的铁树只不过是因为生长速度太慢，一般得十余年以上的才会开花而已，所以，铁树开的花不像其他植物那么常见。不过，正是因为如此，铁树被人们赋予"坚贞不屈，坚定不移，长寿富贵，吉祥如意"的花语。

虽然铁树开花难得一见，但是铁树的株型和叶型也是十分美丽的，仍然有很高的观赏价值。

揭秘神奇的生物

植物活化石

铁树是世界上最古老的种子植物，小朋友们没有见过真正的恐龙，它们可是见过的！而且还见证了恐龙的灭绝。铁树曾与恐龙同时称霸地球，如此长寿的生命被地质学家誉为"植物活化石"。

当然，因为环境的不断变化，铁树也发生了改变。铁树起源于古生代的二叠纪，于中生代的三叠纪（距今2.25亿年）开始进入繁盛阶段，后来到第四纪（距今250万年）的冰川来临，北方寒流南侵，苏铁科植物大量灭绝，但由于青藏高原、秦岭山脉的阻隔，在四川、云南等地有部分苏铁科植物幸免于难。因此，铁树不仅具有观赏价值，因其数量稀少，也是一种非常珍贵的植物呢。

在我国云南的植物园内就有三株巨大的铁树，这三巨头是迄今为止世界上发现的最古老的铁树，每株都活了近千年之久，见证了历史变迁。现如今，在植物园中供人们观赏，被中外游客赞誉为"铁树王"的它们，还将继续存活下去，继续做历史的见证者。

古生代包括了寒武纪、奥陶纪、志留纪、泥盆纪、石炭纪、二叠纪。泥盆纪、石炭纪、二叠纪合称晚古生代。

动物群以海生无脊椎动物中的三叶虫、软体动物和棘皮动物最繁盛。在奥陶纪、志留纪、泥盆纪、石炭纪，相继出现低等鱼类、古两栖类和古爬行类动物。

❖ 铁树开花

■ Part1 第一章

银杏、银杉、水杉 "三姐妹"

化石是大家都听说过的一种物质，它是人们了解历史的重要媒介之一。但是，你知道吗？我们身边的一些植物，也可以称得上"活化石"呢！

银杏

❖ 银杏

提起银杏，相信每个人都不会觉得陌生，这是当前世界上最古老的植物活化石家族中的一员。大约在距离现在 2 亿年前的时代里，这些枝叶扶疏的美丽树种，曾经在世界上的大部分地区生活过。但是，在第四纪大冰川发生后，就已经大面积灭亡了，只有中国和日本，还能看到它们傲然的身影。

银杏是银杏科落叶乔木，它的叶子看起来有些像鸭掌，果实是白色的坚果，因此又被人们称为鸭掌树、白果树，有些地方把它叫作公孙树。一般来说，银杏树可以长到 40 米高，胸径可以达到 4 米宽。它身姿挺拔，通常是雌雄异株的，但是雌雄同株的银杏曾经在日本被发现过。

银杉

1955 年 4 月，我国植物学家钟济新在广西龙胜的花坪原始森林调查时，发现了一种从未见过的树种。在 1957 年被我国植物分类学家陈焕镛、匡可任

❖ 银杉

"验明正身"之前，银杉一度被认为早已在地球上灭绝，只能从化石中看到它们的身姿。作为我国特有的第三纪孑遗植物，银杉的发现，被认为是 20 世纪 50 年代世界植物界的一件大喜事，它们从遥远的 1000 万年甚至更久之前，留存到今天，向人们诉说着远古历史上发生的故事。

水杉

一亿多年前，水杉曾经在世界上包括北极一带在内的地区上广泛分布过，但是，第四纪时地球上形成了大量冰川，水杉也因此灭绝。然而，水杉实际上并没有"全军覆没"，在我国中部幸存了下来。

1943 年，我国植物学家王战在四川万县磨刀溪路旁，看到了三棵这种一度被认为只能在白垩纪地层中的化石里才能看到的植物。这一发现，使整个世界都为之震惊。

水杉是杉科落叶乔木，可以长到 35 米高。在我国从辽宁南部、北京、延安等北部地区，到广东、广西、云南、贵州等南方地域，西藏、四川等西部地区，以及东部沿海地区都适合水杉的种植。

水杉"性格温和"，生长较快，是一种非常优质的家具和造纸用材，也是一种优良的观赏树种。现在，引种栽培水杉的已经有五十多个国家和地区。

> **知识小链接**
>
> 银杏全身都是宝。它的果实被称为白果，具有很高的药用价值，我国历史上就有食用银杏来治疗疾病的记录。现存的银杏止咳汤、白果八宝粥等食疗方，也受到了人们的普遍喜爱。用银杏叶治疗咳嗽气喘、灰指甲、冠心病、脑血栓等疾病，也具有很好的疗效。银杏种子具有非常丰富的营养成分，妇女经常食用，能够减少皱纹，保持皮肤细嫩、红润；老人经常吃，则有延年益寿的功效。但是，由于银杏种子中含有氰氢酸，为了避免中毒，还是不要多吃的好。

❖ 水杉

Part1 第一章

水陆"通吃"的"怪兽"——蝾螈

提起猫、狗、鸡、鸭等小动物，相信大家都不会感到陌生，正是因为这些小生灵的存在，我们的生活才会变得多姿多彩。但是，你听说过蝾螈这个名字吗？

说到蝾螈，很多人都会不由得睁大眼睛惊奇地问：那是什么？确实，这个名字对于我们来说并不是那么熟悉。一些人第一次听到这两个字，甚至还会以为是一种怪兽的名字呢。事实上，虽然蝾螈的名字听起来有些神秘，但是，它可不是什么"怪兽"，而是一种非常有"性格"的水陆两栖动物。现在，就让我们一起走近蝾螈的世界，了解它们的故事吧！

外部特征

蝾螈是一种水陆"通吃"的两栖动物，有一条长长的尾巴。乍一看，你还会以为它是一个翻版的蜥蜴呢！然而，仔细观察你就会发现，尽管蝾螈的体型看起来有点像蜥蜴，但是它全身上下都是光滑无鳞片的，并不像蜥蜴那样披着一身坚硬的"铠甲"。

从外表上看，蝾螈的"相貌"确实有些怪，看起来有点像蜥蜴，又有点像长着尾巴的青蛙，所以，人们喜欢把它们作为观赏动物来豢养。它们全身由头、颈、躯干、四肢、尾等五部

分组成，头部扁平，身长在 61~155 毫米左右。

生活习性

通常来说，北半球的温带地区是大部分蝾螈的"家乡"，主要依靠皮肤来吸收水分的特性，使蝾螈必须时刻保持潮湿，以免使身体变得紧绷干燥。

正因如此，蝾螈喜欢把家安顿在沼泽地里，因为那里有比较丰富的水源，环境也十分潮湿。最重要的是，那里湿润的草丛是蝾螈生活、玩耍的乐园，并且有很多浮游生物等美味的食物。常年在沼泽地带生活的家族成员有北螈、蝾螈等。

和蛇、青蛙等小动物一样，蝾螈也有冬眠的习性，进入冬季之后，它们就不再"出门"活动了，而是舒服地在家里呼呼大睡，一直到第二年春天才会重新出来活动。

知识小链接

作为侏罗纪中期演化的两栖类的成员之一，目前生活在世界各地的蝾螈大约有 400 种，它们的寿命一般较长，可以活好多年。这种"怪兽"并不罕见，一般情况下，喜欢在有淡水的地方和潮湿的林地里生活，人们可以在中国的大部分地区，以及日本、中东地区等地看到它们的身影。

"小性格"

蝾螈的视力并不是很好，因此，在捕食的过程中，眼睛所发挥的作用并不是主要的，它们通常需要借助嗅觉的帮助，才能准确地捕捉到蝌蚪、蛙、小鱼、蜗牛等食物。

有趣的是，尽管蝾螈看起来十分健壮的样子，但是它的四肢并不发达。"成年"之后的蝾螈共分为水栖、陆栖和半水栖几大"派别"。这几个"派别"的差异表现在产卵方式上，其中，水栖类型将卵产在水中；在繁殖时，陆栖类型回到水中产卵，仅有个别种类将卵产在潮湿的陆地上，之后幼体回到水中发育成长。

第二章
地球生物之最

世界上最大的哺乳动物是蓝鲸，最高的动物是长颈鹿，跑得最快的动物是豹，最懒的动物是树懒，鼻子最大的动物是长鼻猴，最小的鸟类是蜂鸟，最大的鸟是鸵鸟，最大的花叫大王花……

■ Part2 第二章

动物世界中的**巨无霸**

娃娃鱼不是鱼，而是两栖动物；鳄鱼不是鱼，而是爬行动物；鲸鱼不是鱼，而是哺乳动物……小朋友们，名字只是一种代号，要想真正了解，就得用心去拨开迷雾，探究事实背后的真相。

所谓"海阔凭鱼跃"，在波澜壮阔的大海中存在着世界上最大的动物也不足为怪。接下来我们就一起遨游于知识的海洋，认识世界上最大的生物——蓝鲸。

◆ 蓝鲸

蓝鲸究竟有多大呢？先来看一组数字——身长30米，体重170吨，一张嘴就可以开到容纳10个成年人自由进出的宽度，舌头重2000千克，头骨有3000千克，肝脏有1000千克，心脏有500千克，血液循环量达8000千克。如果把它的肠子拉直，足有200～300米，血管粗得足以装下一个小孩。它的力量也大得惊人，它的力量有1500～1700马力，如此庞大的体格怎能不堪称动物世界中的巨无霸和大力士呢！

当然，体积大食量也大，蓝鲸的饮食也相当惊人，一头蓝鲸每天要吃约4吨重的小磷虾，而且如果它肚子里的食物少于2吨，它就会饿得发慌，所以，蓝鲸经常为了搜寻食物而潜入水中三四十米处。但是作为哺乳动物还要

鲸是哺乳动物，是海洋中最大的动物。鲸的身体很大，眼小，尾呈水平鳍状，用肺呼吸，最大的体长可达 30 多米，最小 10 米。鲸的种类有很多，全世界已知的就有 80 余种，我国海域有 30 多种。

及时地浮上水面换气，每次换气蓝鲸都会从鼻孔内喷出巨大的水柱，远远望去，就像一个大大的喷泉。

蓝鲸虽然身体很庞大，却有一双小眼睛！还没有足球大的眼睛跟它这个庞然大物实在是不匹配，而且蓝鲸的视力很不好，只能看到大约 17 米远的地方，连它自己身体的一半都不到呢。不过虽然视力不好，却另有天赋来弥补——蓝鲸的鼻孔能发出频率范围极广的超声波，这种超声波遇到障碍物就会反射回来，这样一来，即使蓝鲸视力不好，但是凭借这种声波往返来判断前方障碍物就不会出错啦。

蓝鲸大多数时候是孤独的，虽然有人曾见到 50~60 只蓝鲸成群活动，但更多时候仅有 2~3 只在一起活动。蓝鲸彼此之间十分和睦，它们一起游泳、一起潜水、一起觅食、一起呼吸，宛如鸳鸯，形影不离，它们游过的海面，身后常常留下一条宽宽的水道，给平静蔚蓝的大海增添了许多活力。

❖ 蓝鲸

长颈鹿的幸福生活

同样是世界动物之最，作为世界上最高的动物，长颈鹿可比蓝鲸更贴近我们的生活了，在动物园中总显得那么耀眼突出，谁叫长颈鹿天生就如此出类拔萃呢！现在就让我们一起走近长颈鹿，了解它的幸福生活吧！

长颈鹿有"三长"

其实长颈鹿有"三长"，除了脖子长、腿长，还有舌头长呢！一条长长的舌头可达43厘米，这样得天独厚的条件，使得长颈鹿能够尽情地采食高大树木顶部肥大的叶子，这样优越的自然条件可是其他食草动物望尘莫及的。

长颈鹿的"连环踢"

动物园外的长颈鹿喜欢在沙漠草原中成群结队地生活，棕褐色的皮肤，美丽的斑纹，与它们生活的环境非常协调，从而保护它们不会轻易被天敌发现。长颈鹿最大的天敌要数非洲狮了，但它们也不是那么轻易就能捕食到长颈鹿的。原因当然还是长颈鹿的撒手锏——长腿！因为长颈

◆ 长颈鹿

❖ 长颈鹿

鹿腿特别长，所以它们奔跑速度很快，时速可达到 50 千米呢。除此之外，长颈鹿的前腿强壮有力，而且能够"连环踢"！如果一只成年的长颈鹿向非洲狮飞起一腿，它沉重的前蹄一旦击中狮头，能够击碎非洲狮的头盖骨，从而一招毙命。有如此利器，一些猛兽也不敢贸然对长颈鹿发起进攻！

🍀 长颈鹿"纠结"的睡姿

　　长颈鹿睡觉的姿势也很独特，这也是因为腿长的缘故！长颈鹿睡觉时单把两条前腿和一条后腿弯曲在肚子下，另一条后腿向外伸展着，而长长的脖子呈弓形弯向后面，把脑袋放在向外伸展的后腿旁。小朋友们看明白了吗？可不要被长颈鹿这种扭曲的睡姿惊呆了，其实，长颈鹿这样做既能缩小自身的目标，避开天敌的搜捕，同时又可以在紧急情况下一跃而起，随时溜之大吉。

❖ 长颈鹿

　　如此"纠结"的睡姿也是长颈鹿在进化过程中积累的经验，并代代流传下来。

沉默的个性

长颈鹿大多数时候是沉默的，小朋友们在动物园里见到的长颈鹿是不是也很少发出声音呢？有人认为长颈鹿是哑巴，从来不会叫，其实，长颈鹿不叫的原因是它们的声带实在太特殊，原因还是长颈鹿的"长"！

长颈鹿的声带中间有个浅沟，发声时需要靠肺部、胸腔和膈肌共同帮助，但由于长颈鹿的脖子实在是太长啦，这些发声需要的器官离得太远，一旦叫起来实在是费力气，所以，长颈鹿只好秉承沉默是金的原则了。但是如果年幼的长颈鹿找不到妈妈啦，它们就会像小牛那样发出"哞、哞、哞"的叫声来呼唤妈妈，所以小朋友们可不要以为长颈鹿是哑巴不会叫哦。

知识小链接

非洲狮，颜色多样，以浅黄棕色为多，不同的是雄狮还长有很长的鬃毛，鬃毛有淡棕色、深棕色、黑色等，长长的鬃毛一直延伸到肩部和胸部。

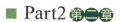

Part2 第二章

豹子，速度之王

2013 年国际田联世界田径锦标赛男子 100 米锦标赛中，牙买加选手博尔特以 9 秒 77 的速度夺冠。堪称"飞人"的博尔特跑出了人类的极限速度，那么在动物世界中，跑得最快的动物是谁呢？它就是豹。

豹的奔跑时速可达 90 千米，小朋友们能计算出它跑 100 米的时间吗？答案是 4 秒左右。和"飞人"博尔特相比，要快一半还多！不仅如此，豹子还是动物界的全能猎手，除了奔跑速度快，它遇水会游，遇树能攀，嗅觉听觉视觉极佳，智力也超越其他对手，如果动物界也举办运动会，豹子能够独揽多项金牌呢，怎不谓全能选手呢？

豹是猫科动物，因此和猫咪一样喜欢昼伏夜出。每当夜幕降临的时候，豹就会悄悄地埋伏在草丛中，锐利的目光可以准确无误地锁定捕食目标。在白天，豹身上独特的斑点也成了它的隐身衣，即使在几米之外也很难被察觉。

难以与之争锋的奔跑速度，全面发展的卓越技能再加上完美的伪装，豹子拥有老虎和狮子都难以匹敌的捕猎技能，当然它们也因此称霸动物界。

豹的猎物主要有鹿、羚羊及野猪，也会捕猎灵猫、猴子、雀鸟、啮齿动物等。豹捕食时会借助密林的掩护，悄悄地接近猎物，趁其不备，发动突然袭击，而且技巧

❖ 凶猛的豹子

知识小链接

鬣狗，哺乳动物，体型中等，主要生活在非洲、阿拉伯半岛、亚洲和印度次大陆的陆生肉食性动物。

性地主要攻击猎物的颈部或口鼻部，常常咬住猎物的死穴，将其一招毙命，可谓快准狠！豹捕捉到的猎物如果被狮子、鬣狗等发现，多半会被抢走，不要因此就以为豹比不过狮子和鬣狗，这是因为豹不屑与食肉动物搏击，因为一旦在搏击过程中受伤，它们就会行动不便，上树、游泳等活动还会妨碍伤口愈合，加之免疫力会降低，所以豹宁愿再捉一个猎物也不愿同食肉动物搏击，这样有退有进，取舍间可见豹的智慧超群。

在人们的意识中，豹常常会危害牲畜，甚至会对人展开袭击。其实，豹一般不主动向人进攻，与人偶遇时，也大多是与人两相对峙，数分钟后，只要人不乱动、不发出喊叫，豹便会自动回避，退回到密林当中。但是如果食物短缺，出于生存的本能，它们也会袭击村庄里的牲畜。

据统计，世界上各个种类豹的总数为 24 万只，导致它们濒危的原因有很多。豹的皮毛艳美，可以作为高级衣料，这是被大量捕杀的主要原因。"没有买卖，就没有杀害"。除此之外，豹的栖息地遭到人类的毁坏，导致它们没有繁殖地而无法繁衍后代也是重要原因。因此，保护大自然，维护生态的平衡，需要权衡种种因素，保护动物的生存环境，也是保护我们人类的生存环境。

❖ 凶猛的豹子

Part2 第二章

我是**最懒**的动物

小朋友们知道世界上最懒的动物是什么吗？这种奇懒至极的动物还真的存在呢！它就是树懒。那么它究竟懒到什么程度呢，现在就带领大家认识一下吧。

树懒究竟有多懒呢？这么说吧，它们什么事都懒得做，懒得去玩，甚至懒得去吃，懒得去喝水，懒得去便便，鉴于此，树懒相当能够耐饥，能耐饥一个月以上呢。这还不算，即使遇到天敌的追捕，它们也是慢吞吞地跑，好像在和敌人闹着玩。你是不是会想它们是在藐视敌人？那可就想错啦！因为它们实在太懒，都懒得逃跑啦！

不过，树懒也不是那么轻易就被逮到的，它们的防御利器有三：一、保密工作到位。树懒很会在树林中伪装自己，因为只要伪装做得好，就不用辛苦地逃避敌人了，这也算是懒到一种境界了；二、利爪。树懒的爪子也是因为它实在太懒而练就的，因为树懒懒到不想从树上下来，所以为了能够牢固地抓住树枝，并且还要把自己数十千克重的身体吊在树上，一副钩状

❖ 树懒

知识小链接

树懒形状略似猴，行动迟缓，常用爪倒挂在树枝上数小时不移动，故称之为树懒。

爪可是不可或缺的；三、肉不好吃。树懒的肉不好吃，真的不好吃！不信你可以问问吃过树懒的动物们！不过这也算是进化带来的利于生存的好处吧，因为捕食者才不会耗费自己的能量去吃难吃的猎物呢，正因为如此，也为树懒躲开天敌的伤害增加了保障。

树懒，除了懒，还因为它已经高度蜕化成树栖生活，而丧失了地面活动的能力了，虽然有脚却不能走路，它们倒挂在树上，主要吃离自己最近的树叶、嫩芽和果实。难得下地，靠抱着树枝，竖着身体向上爬行，或倒挂身体，靠四肢交替向前移动，甚至睡觉都会保持这种姿势，因为有钩爪在，所以也不担心会掉下来！

树懒虽懒，却能够在危机四伏的森林中生存下去，体现了动物演变过程中与自然环境的融合。

❖ 树懒

Part2 第二章

骄傲的**大鼻子**

提起大鼻子的动物，小朋友们最先想到的是什么呢？没错，大象的确有大鼻子，但是与其说大，不如说是长，那么，动物世界中鼻子最大的是什么动物呢？

在东南亚的加里曼丹有这样一种特殊的动物，它们最显著的标志就是脸上那个又长又大的鼻子，这种动物就是世界上鼻子最大的动物——长鼻猴。

雄性长鼻猴的鼻子会随着年龄的增长而不断变大，最后形成像茄子一样的红色大鼻子，它们激动的时候，大鼻子就会向上挺立或上下摇晃，可搞笑了！而雌性猴子的鼻子就比较正常，所以，人们可以根据鼻子的大小来判断长鼻猴的年龄和性别。

可是为什么雄性长鼻猴会长那么大的鼻子？关于这个问题，到目前为止，科学家还无法确定答案，但根据大部分动物各自具有的特征推测，雄性长大鼻子可能是为了在求偶季节，讨雌性长鼻猴的欢心。

雄性长鼻猴除了大鼻子，还长着一个与众不同的、胀鼓鼓的

❖ 长鼻猴

知识小链接

《华盛顿公约》（CITES）的精神在于管制而非完全禁止野生物种的国际贸易，其用物种分级与许可证的方式，以达成野生物种市场的永续利用性。

大肚皮！这使得不熟悉长鼻猴特点的人往往将它误认为是即将临产的雌兽。

雄性长鼻猴的大肚子是因为里面有一个大大的袋状胃，胃里面有许多可以发酵食物的微生物，这些微生物使得长鼻猴能够消化其他猴类几乎无法食用的植物叶子。此外，生长在胃中的微生物还能分解某些毒素，一旦长鼻猴粗心大意吃到了有毒食物，这些毒素会在被吸收进血液之前就被微生物分解掉而失效，所以长鼻猴就像练就了神功一样"百毒不侵"。

因长鼻猴生存环境非常特殊而且相当恶劣，它们的生存繁衍遇到了极大的麻烦，因此，在《濒危野生动植物种国际贸易公约》中，长鼻猴被列入附录Ⅰ，人类致力保护这种世界著名的珍奇动物和它的栖息地。

❖ 长鼻猴

Part2 第二章

能在**空中悬停**的鸟

全世界为人所知的鸟类一共有 9000 多种，如此多的种类，你是不是已经感到眼花缭乱啦，我们认识世界上最小的鸟——蜂鸟。

蜂鸟主要分布在南美洲的热带丛林中，所以即使小朋友们想见它也不是那么容易的呢！蜂鸟小巧玲珑的躯体异常灵活，飞行的时候翅膀震动的频率非常快，可以达到每秒 50 次！蜂鸟不仅飞得快，还飞得高，蜂鸟可以飞到四五千米的高空，这可不是所有鸟类都能做到的。

◆ 蜂鸟

蜂鸟俯冲时候的速度甚至可以超过 100 千米 / 时，这样的高速度以至于人类的肉眼很难看到它们，只有借助高速摄像机才能拍到蜂鸟的宝贵影片，所以即使小朋友们幸运地见到蜂鸟，也不一定能看清楚它的"庐山真面目"。

你是不是已经注意到蜂鸟名字的奇特之处了？那么蜂鸟跟蜜蜂有什么关系呢？我们刚刚了解到蜂鸟拍动翅膀的频率非常高，所以蜂鸟在震动翅膀的时候就会发出"嗡嗡嗡嗡"的声音，就像小蜜蜂采蜜时候发出的声音一样！

蜂鸟还有一个绝技，那就是可以随心所欲在空中悬停，就像直升飞机那样可以停在半空中，而且蜂鸟还可以向后飞行，是不是很神奇呢！

可是，蜂鸟是怎样拥有这种神奇的本领的呢？答案不难被发现，蜂鸟体

揭秘神奇的生物

知识小链接

蜜蜂飞的时候会发出嗡嗡声，但是这并不是蜜蜂在叫，而是因为它们在空中飞行时，翅膀扇动空气发出的声音，它们的翅膀一眨眼的工夫就能够扇动两百多次，所以听起来就会有巨大的嗡嗡声了。

型小而能够达到每秒50次的翅膀扇动频率，这样快速的扇动飞行使其能够自由控制自己飞翔的角度，而且娇小的体型不费吹灰之力就能够在空中悬停，不知和你的猜想是否一样呢？

在所有动物当中，蜂鸟的体态最优美，色彩最艳丽。精雕玉琢的精品也无法同这大自然的瑰宝媲美，它身上闪烁着绿宝石、红宝石、黄宝石般的光芒，它也非常爱惜自己的美丽，从来不让地上的尘土玷污它的衣裳，所以它终日在空中飞翔，只不过偶尔擦过草地，快乐地在花朵之间穿梭，以花蜜为食。集万千宠爱于一身的蜂鸟也因此获得了"神鸟""森林女神""花冠"的赞誉。

❖ 蜂鸟

■ Part2 第二章

蛙类家族的巨无霸

> 任何种类的生物家族中都会有大块头和小个子之分，那么蛙类家族中个头最大的是谁呢？听名字就可以知道啦，那就是——非洲巨蛙。

体格硕大

非洲巨蛙是世界上最大的蛙，成年巨蛙体长为 1.2~1.3 米，体重达 25 千克。非洲巨蛙不仅体型肥硕巨大，而且后肢肌肉异常发达健壮，这就为它成为动物界著名的跳远能手提供了极佳的条件，非洲巨蛙立定跳远可达 3 米以上，有报道说可跳 20 英尺，那就是 6 米多啊，可以称得上世界冠军了。

身处险境

非洲巨蛙，顾名思义，肯定是生活在非洲的，更具体地说，它们生活在非洲喀麦隆南部和赤道内亚北部炎热潮湿的原始森林和大河中，而且必须是年平均温度在 25℃~29℃之间的环境中。

既然是原始森林，非洲巨蛙一定是过着与世隔绝的世外桃源生活吧！可现状偏偏不是如此，非洲巨蛙面临的生存困境令人十分担忧。由于附近的村民无节制地砍伐森林和开荒种田，致使巨蛙生活的环境遭到严重破坏。而在另外一些地区，由于河流遭到污染，以及人类的大肆捕杀，导致非洲

❖ 青蛙

揭秘神奇的生物

巨蛙正面临生存区域不断缩小的困境。

濒临灭绝

非洲巨蛙的非法买卖行为十分盛行，除了当地人自行捕捉巨蛙作为食物之外，它们还会拿到市场上出售，从而牟取暴利。这种非洲巨蛙的肉味道鲜美，从而导致在雅温得和杜阿拉等大城市里，食用非洲巨蛙甚至成为一种时尚的风气，宴会和婚礼现场能够有这道菜也会让主办方的品位更上一层楼。可是他们却没有想过，自己的贪婪给一个种族带来了灭顶之灾。

这种罕见的蛙类正面临灭绝的危险，它的名字已经上了《华盛顿公约》规定禁止国际交易的濒危物种的红色名单，保护非洲巨蛙，刻不容缓！

> **知识小链接**
>
> 青蛙是两栖纲无尾目的动物，成体没有尾巴，在水中产卵，体外受精，幼体是蝌蚪，用鳃呼吸，经过变态之后开始用肺呼吸，兼用皮肤呼吸。

❖ 青蛙

■ **Part2** 第二章

鸵鸟**不会飞**

世界上最大的鸟是什么呢？答案是——鸵鸟。它虽然有翅膀，但是它并不会飞翔。

世界上有这样一种鸟，虽然有翅膀，但是不会飞，因此练就了长跑的技能，是个长跑健将，奔跑速度在鸟类家族中是最快的，是鸟类家族中长跑冠军。

鸵鸟真的不会飞

其实，在很久很久以前，鸵鸟的祖先是会飞的，而变成今天的模样与它的生活环境变化息息相关。鸵鸟本就是一种原始的残存鸟类，它的进化代表着在开阔草原和荒漠环境中生存的动物逐渐向高大和善跑方向发展的一种进化方向，所以从某种程度上而言，鸵鸟具有非常重要的研究意义。

知识小链接

鸵鸟全身有黑白色的羽毛，脖子长而无毛，翼短小，腿长。雄鸟全身大多为黑色，翼端及尾羽末端之羽毛为白色，且呈美丽的波浪状，白色的翅膀及尾羽衬托着黑色的羽毛，雌鸟与雄鸟大致相似，但羽毛不如雄鸟艳丽。

当然，为了适应环境而原有的习性发生改变，必定会在其他方面有所进化。鸵鸟既然飞行能力丧失，它却在另一方面得到改进，那就是它的奔跑速度！鸵鸟是世界上唯一一种只有两个脚趾的鸟类，鸵鸟跳跃

❖ 鸵鸟

起来可腾空 2.5 米，一步可跨越 8 米，冲刺速度在每小时 70 千米以上。同时那粗壮的双腿还是鸵鸟的主要防卫武器，甚至可以将狮、豹置于死地呢！

鸵鸟是个胆小鬼

鸵鸟虽然奔跑速度快，但是也有遇到敌人避之不及的地方，在这种情形下，鸵鸟也有自己的撒手锏，那就是"鸵鸟精神"！所谓"鸵鸟精神"就是说遇到危险时，不积极寻求解决方式逃离而是把头伸进沙堆里，体型庞大的鸵鸟把自己的身体蜷缩成一团，利用自己暗褐色的羽毛伪装成石头或者灌木来躲避敌人，等敌人一走，它们就一跃而起迅速逃离危险地带。

❖ 沙漠

Part2 第二章

印度黄金蟒的自述

印度黄金蟒并不像其他蛇类同伴那样凶残，虽然它是蛇类家族中体型最大的，但是它的性格却十分温和，而且没有毒性。

黄金蟒分布于东南亚地区，在这里它被人们当作"神灵"加以崇拜，可能是由于数量稀少，加上繁衍后代本来就困难，而且很容易生病，所以存活率很低。可是近些年来，许多人愿意把它当作宠物饲养，虽然人们尽心尽责地照顾它，但是它总是会被细菌感染，所以吃的东西特别讲究。

你是不是好奇为什么它叫"黄金蟒"呢？那是因为它浑身上下都是金黄色的，还有白色不规则纹路，光滑的鳞片，在阳光下就像黄金那样会闪闪发光，所以人们就给它取了这样一个美丽的名字。

黄金蟒拥有巨大的躯体，成年后通常在 5~6 米左右，最长可以达 7 米，这在蛇中非常罕见，

知识小链接

蟒蛇是当今世界上较原始的蛇种之一，在其肛门两侧各有一小型爪状痕迹，为退化后肢的残余。这种后肢虽然已经不能行走，但都能自由活动。体色黑，有云状斑纹，背面有一条黄褐斑，两侧各有一条黄色条状纹。蟒蛇还是世界上蛇类品种中最大的一种，长 5~11 米，最大体重在 50~160 千克，属无毒蛇类。

也正因为此，在野外生存的黄金蟒遭到了大量捕杀。

❖ 黄金蟒

吸血昆虫——牛虻

牛虻，是一种昆虫，外表很像一只特大号的苍蝇，却比苍蝇更具有杀伤力，牛虻又叫"瞎碰"或"瞎虻"。

牛虻在飞翔时带着嗡嗡声而且飞得又快又急，好像一只无头苍蝇嗡嗡乱撞，但事实才不是如此，牛虻发出嗡嗡响声的时候往往是在急速飞行，或俯冲，或打圈，好似一架战斗机一样凶猛。

❖ 牛虻

牛虻嗜血，和其他吸血昆虫一样，只有雌性牛虻才吸血。它们具有发达的口器，上下颚及口针都极其锋利，对于牛、马等厚皮动物也能够轻易下口，强大的蜇刺能力，给畜牧业带来了极大困扰。每当它们吸血时，首先用三大利器划破动物的皮肤，使得血液流出，之后由唇瓣上的拟气管将血吸进体内。牛虻不仅嗜血而且很贪吃，一般牛虻一次吸血 20 ～ 40 毫升，特大型的种类甚

❖ 牛虻

　　牛虻在我国各地均有分布，主要集中于广西、四川、浙江、江苏、湖北、山西、河南和辽宁等省区。西北是我国主要牧区之一，初步报道该地区的虻类有 32 种，北京及其邻近地区共计有虻类 18 种。

至一次可吸血 200 毫升。如果一群虻在叮咬牲畜时，常使牛马浑身血迹斑斑而狼狈奔逃，是不是十分可恶呢！

　　正由于牛虻的贪婪习性，它们成了畜牧业的头号大害虫，而且不止针对牲畜，它们也会攻击人类，被叮到的时候人们的皮肤会有显著刺痛感，继而会产生红斑，又痒又痛。如果遇到牛虻的侵袭也大可不必惊慌，只要立刻把它们赶走，然后可以在受伤局部皮肤上涂抹清凉止痒剂，并及时去医院做相关的药物处理才好！

❖ 牛虻

Part2 第二章

食火鸡的**古怪脾气**

2007 年，吉尼斯世界纪录曾收录了一条世界上最危险的鸟类。聪明的你一定知道答案了，那就是本文的主角——食火鸡。

小朋友可不要被它的名字所迷惑哟，食火鸡其实是世界第三大鸟类，仅次于鸵鸟和鸸鹋。食火鸡可不是真的会把火当作食物，这个火呀，是火冒三丈的火。但是食火鸡却能吞食小石头、碎玻璃和铁片，而且这些锋利的东西不会割破它的嘴巴和肠子。此外，食火鸡的食量很大，还十分贪吃！

食火鸡会时不时地跑到农舍、田地里搞破坏，对付狗和马只需一击便可取其性命。如此肆无忌惮地横行霸道完全是因为它们的撒手锏——食火鸡三趾中最内侧的脚趾上有一个匕首般的长指甲。

不过它也是有节制的，只有遇到威胁的时候才会发起攻击，如果有谁惹

❖ 食火鸡

食火鸡生活在澳大利亚的热带密林中，高1.5～2米，重50～70千克，而且外貌十分奇特，也难怪它们会那么嚣张。食火鸡有着亮黑色的羽毛，头顶有半扇状的角质盔，而颈侧和颈背为紫、红和橙色，前颈还有两个鲜红色大肉垂。食火鸡与鸵鸟一样，都不会飞，不过因为双脚有力，所以奔跑速度很快。

毛了食火鸡，它就会用那长指甲毫不客气地向对手划去，如果不小心被刮到，只能后果自负了。能被看作世界上最危险的鸟类，这个食火鸡还真是脾气暴躁，一点就着呀！

食火鸡平时喜欢独来独往，只有在繁殖季节才聚集到一起。在食火鸡家族，雌性食火鸡的体积比雄性食火鸡更大，而且照顾小宝宝的偏偏是雄性食火鸡。雌性食火鸡产下蛋后便不管不顾，雄性食火鸡就只好当起了"全职奶爸"，它们会用自制的"太阳能孵化器"来孵化小宝宝——将凋谢的枝叶和草木堆在蛋上，接受日光的照射，在一定温度条件下小宝宝就会顺利出壳了！

食火鸡对发光的东西都非常好奇。看到人类弃置的炭火灰烬时，它们总会迫不及待地跑上前，仔仔细细地啄弄一番，顺便吞下几粒熄灭的炭块到肚子里，帮助磨碎不易消化的食物。

■ Part2 第二章

谁言独木不可成林

常言道：独木难成林。指一棵树难以形成广袤的森林，但是，凡事皆有例外，比如我们即将认识的榕树。

耳熟能详的"池塘边的榕树上，知了在声声叫着夏天"，你的童年里有没有这样一棵大榕树呢？

其实，刚刚开始生长的榕树与其他树没有什么差别，但是随着它不断地成长，就会发生诸多变化。

先是树枝上长出许多长长的根，这些根能够从空气中吸收水分，而且不会干枯，因此又称"气根"，气根下垂，并逐渐向地下生长，只要接触到地面就像得到了重生一样，不断地从土壤里汲取水分和养料。这样一来榕树的树冠得到了营养就会渐渐变大，生长在枝干上的许许多多气根也慢慢变粗，犹如一根根支撑着巨大树冠的大柱子！

❖ 榕树

这还不算，钻入土壤中的气根还会生出条条根系，从而形成庞大树冠强有力的支柱。从远处看，就好像一株株小树簇拥着主干，故榕树又有"独木成林"之称。

　　榕树也称为细叶榕、成树、小叶榕，主要分布于中国的广西、广东地区，榕树属于桑科榕属植物，株高 20～25 米，算是长得比较高的植物。

　　现在你是不是也明白为什么大榕树周围会有那么多"小树"簇拥啦？

　　据记载，在印度加尔各答的植物园里生长着一棵巨大的榕树，树冠覆盖面积达 7000 多平方米，足足有一个足球场那么大呢，人们数了一下之后发现这棵大树有 562 条气根，如果人站在这棵树下，就仿佛置身于繁茂的森林之中。

　　榕树不仅体积庞大，枝叶繁茂，而且还有很多用途。榕树的树皮纤维可以用来制作渔网和人造棉，因为榕树的木质轻软，纹理不均，容易腐烂，所以又可以作为薪炭来使用；榕树的气根、树皮和叶芽具有药用价值，有清热解表的功效。

　　在风景独特的西双版纳地区，有的榕树可以被用来充当蔬菜。通常，傣族人民认为常吃木本植物的嫩枝嫩叶可使人延年益寿，也可让少女保持体态轻盈。

　　由此看来，榕树浑身都是宝呢！

　　榕树能够适应炎热多雨的气候和酸性土壤，生命力强、生长速度快、寿命长，用播种或扦插的方法很容易进行繁殖，用大枝条扦插更容易成活。

❖ 独木成林的榕树

■ Part2 第二章

壮志凌云的参天大树

你知道世界上最高的树是什么吗？世界上最高的树就是桉树！

桉树是世界上最高的树种，平均高度都在 100 米左右，迄今为止，人们已经发现的最高的桉树高达 156 米！相当于一栋 40 层的大楼那么高。可是这么高的树木，难道就不怕狂风把它吹折吗？这就不能不提桉树粗壮的树基了，桉树的树基为了承载那壮志凌云的树干，不断地自我加固，直径可达十米，大约有一个篮球场那么宽！所以，有坚实的根基才能够随心所欲地向上生长，小朋友们可以学习桉树这个特性，从小扎下坚实的基础，才有足够的能力提升自己的高度。

桉树不仅是世界上最高的树种，同时也是世界上生长速度最快的树种，在生长旺季，桉树一天就可以长高 3 厘米，一个月可以长高 1 米，一年最高可长 10 米。这样推算，一般来说，桉树五六年便可长成几十米高的参天大树！

❖ 桉树

别看桉树顶天立地，它的种子却小得惊人，每粒种子的长、宽只有 1~2 毫米，20 粒种子放在一起才有一颗大米那样大！但这些种子虽然小到不起眼，却包裹在厚厚的木质外壳里，不

谢尔曼将军树是世界最大的树，它是位于美国加利福尼亚州红杉国家公园的一株巨大红杉，树龄有 2300～2700 年，也有说法是 3500 年。谢尔曼将军树高 83 米，树围 31 米，大约需要 20 个人才可以合抱这株树。高出地面 40 米的第一枝树杈，都有 2 米的直径。总重量约 2000 吨，估计可以盖 40 栋中等住宅。如果用它的木料做一个特大的木箱，足可以装下当今世界上最大的远洋客轮。

仅不怕大火淬炼，甚至还得需要大火把外壳烤裂，才能种在土壤里生根发芽，桉树真是一种神奇的植物呀！

桉树不仅种子奇怪，它的叶子也十分奇特！树木的叶子一般都是光滑面朝上、涩面朝下，这样可以有助于它们更好地保存体内的水分不被蒸发，可是桉树偏要特立独行，那细长而弯曲的叶子是"立"着的一侧朝上！就像挂在树枝上一样，这个方位刚好与阳光的投射方向平行，光线可以穿过树叶的隙缝照耀在地面上，所以在炎炎夏日里，当别的树木都有绿荫可供人们乘凉时，唯独桉树下依旧是火辣辣的大太阳，也难怪人们不愿靠近它了，这也使得本就参天的桉树更加没有伴侣了，孤单而骄傲地独自欣赏高处的风景。

❖ 桉树

Part2 第二章

霸气外露的**大王花**

娇艳欲滴、芬芳馥郁、暗香浮动、亭亭玉立……这些都是我们用来形容花朵的词语，不过现在看来，用这些词形容大王花显然不合适，这是为什么呢？认识了大王花后自然就明白了！

号称世界第一大花且一生只开一次的花族里的巨无霸——大王花，竟然奇臭无比！这也就难怪其他的花都是招蜂引蝶，唯独大王花只能招来蝇类和甲虫为它传粉了。大王花的臭味很像腐烂尸体发出的气味，闻了以后简直让人头晕眼花，甚至会当场晕倒！

所以这奇臭无比的花当然不招人喜欢，人们又怎么会用那些美妙的词语来形容它呢？

大王花 大王花无根、无茎、无叶，仿佛天然生成一样，生长期为 9 ～ 21 个月，花期则最多只有 5 天。

还好大王花的花期很短，几天之后它们便会衰败成一堆黑色的浆状物了，所以人们也

❖ 大王花

不用唯恐避之不及，而且大王花主要分布于马来西亚、印度尼西亚的爪哇和苏门答腊等东南亚热带森林中。

大王花的一生十分短暂，却也轰轰烈烈，不虚一生。大王花的花朵直径可达 1.4 米，重达 10 千克。它只有 5 片花瓣，整个花冠呈鲜红色，上面布满白色斑点，看上去绚丽又壮观，十分引人注目，大王花的花心呈盆状，可以盛放 7～8 千克水呢，同时还可以容纳一个 3 岁左右的小朋友。

大王花为什么会这么大？科学家在对大王花的 DNA 进行研究分析后，还是一无所获。大王花的奥秘，需要聪明的小朋友们长大后进一步努力去揭开它！

知识小链接

花是自然界最美的元素，第一眼相见，它们的花香、花容就让我们为之惊叹。我们用它们来点缀我们的头发、装点我们的家、修饰我们的公园；花朵制成的精油让我们香气袭人。要是世界上没有了花，将会死气沉沉、黯淡无光。如果给世界上的花列一个魅力指数排名的话，前十种依次为天堂鸟、玫瑰、兰花、马蹄莲、风信子、牡丹、睡莲、鸡蛋花、樱花、非洲菊。

Part2 第二章

得不到**拥抱**的仙人掌

如果家里有种植仙人掌的小朋友一定知道仙人掌不能浇太多水，因为仙人掌是非常耐旱的植物，不然怎么能在沙漠中生存呢！

一个传说

在阿兹台克部族生存的沙漠，环境极其凶险，有那里不仅有恶劣的生存环境，而且还有毒蛇出没。为逃避毒蛇的袭击，人们用了整整一年的时间寻找安全的地方定居，但结果很不乐观。

这样日复一日的寻找，他们的诚心终于打动了上帝，上帝指引他们：阿兹台克人哪，走吧，找下去，当邪恶被征服时，会看到秃鹰叼着一条毒蛇站在仙人掌上，你们这时可以在那里定居下来。

按照神明的指引，阿兹台克人在历尽千辛万苦之后，找到了特斯科湖，并在附近定居下来。据说这就是现在墨西哥城的前身，这里曾经是高度文明的代表地之一。

其实在墨西哥还有很多关于仙人掌的传说。就墨西

❖ 仙人球

哥特殊的地形结构而言，这里注定要成为举世闻名的仙人掌王国。

墨西哥国花

墨西哥是仙人掌种类最多、数量也最多的地方，而且似乎墨西哥的土地特别适合仙人掌生长，这里的仙人掌有的高达 15 米，并可以生出数百个树杈，远远看去就像一座中型的楼房，让人叹为观止！

不仅如此，墨西哥的仙人柱和仙人球也大得吓人呢。几十米高的仙人柱，直径数米、重达一吨的仙人球在这里遍地都是！并且各式各样、五花八门的形态和颜色肯定会让小朋友们大开眼

❖ 仙人掌

界！在墨西哥，种植仙人掌不仅仅是美化城市的需要，强大的防止水土流失的功能也是农民喜爱仙人掌的重要原因。

墨西哥有"仙人掌之国"之称，仙人掌就是墨西哥的国花。千姿百态的仙人掌在恶劣环境中，不管土壤多么贫瘠，天气多么干旱，它却总是生机勃勃，凌空直上，构成墨西哥独特的风貌。什么害虫都别想侵害它，它全身带刺，具有顽强的生命力，坚韧的性格，有水无水、天热天冷都不在乎，在翡翠状的掌状茎上却能开出鲜艳、美丽的花朵，这就是坚强、勇敢、不屈、无畏的墨西哥人民的象征。

仙人掌出现在墨西哥的国旗、国徽和货币上，这足以说明仙人掌在墨西哥的地位。

为了展示仙人掌的风采，弘扬仙人掌精神，每年 8 月中旬在墨西哥首都附近的米尔帕阿尔塔地区都要举办仙人掌节。节日期间，政府所在地张灯结彩，四周搭起餐馆，展售各种仙人掌食品。小朋友们想不想去品尝呢？

沙漠"供水站"

仙人掌最显著的特性是什么呢？相信小朋友们的心中都有明确的答案了吧！那就是强大的储水功能。

仙人掌生长在干旱的沙漠里，凭借它那储水的特性成为沙漠里的"供水站"。小朋友们可以做一个实验——不给仙人掌浇水，看看它的细微变化。其实，在小朋友们肉眼看不到的地方，仙人掌体内的水分就已经悄悄地减少了，它们都是仙人掌自己为了抗旱储存的水，在缺水状态下，自动调出来养活自己！

知识小链接

墨西哥位于北美洲南部，是玛雅人的故乡，闻名世界的古玛雅文化、托尔特克文化和阿兹台克文化均为墨西哥印第安人创造。墨西哥东临墨西哥湾和加勒比海，西、南濒太平洋，北邻美国，南接危地马拉和伯利兹。海岸线长 10,143 千米。墨西哥高原终年气候温和，年平均气温在 20℃左右。

所以，在沙漠中行走的人们看到仙人掌，就犹如看到绿洲一般，如果拿刀割开它厚厚的皮层，新鲜的汁液就会流出来，仙人掌茎里的水分最多可达几百千克。

仙人掌可以称得上沙漠中的天然"供水站"，所以，如果在沙漠中遇到了仙人掌，就等于抓到了救命稻草，小朋友们是不是也很感激仙人掌为人类所做的贡献呢？

墨西哥岛屿上的仙人掌

第三章
可怕的剧毒之物

美丽的大自然让人心驰神往，人们渴望能够回归到大自然中去拥抱它，但往往忽略了大自然亦让人心生敬畏，因为其中不仅有陆地上毒性最强的太攀蛇，也有毒你没商量的蓝环章鱼，在森林中还有令人闻名丧胆的树木见血封喉……所以，何时何地，都不能够掉以轻心。

可怕的剧毒之物，总让人防不胜防，所以只有提前做足功课才能够防患于未然，如果被有毒的动物或者植物伤害到，小朋友们要冷静，其次要及时清洗伤口，防止毒性在体内蔓延，从而避免二次伤害。

Part3 第三章

没有**最毒**，只有**更毒**

蛇类应该是最不讨人们喜欢的动物了，不仅仅是因为它们的外貌阴森，还有一个原因就是一些蛇带有致命的剧毒，一旦被咬伤顷刻间就会毒发身亡，你对蛇类是什么样的印象呢？

目前世界上蛇类有 3000 多种，有毒的就有 600 多种，其中陆地上毒性最强的蛇叫作太攀蛇。

◈ 细太攀蛇

说起这个太攀蛇，只能用"毒蛇之最"来形容它，它不仅毒性强，而且连续攻击速度最快，快到人的肉眼根本就看不到它在进攻！如果小朋友看到太攀蛇咬伤猎物一次，其实不然，就在小朋友眨眼之间，太攀蛇已经咬了三四次，其攻击速度之快是肉眼难以分辨的。

太攀蛇分为澳大利亚太攀蛇和新几内亚太攀蛇，从外貌上看，前者体色为褐色，头部颜色稍淡，而后者体色为乌黑色或褐色，并有一条沿着背脊的橘色条纹，但这两种蛇都有一个明显的特点，那就是狭长棺木型的头部，使其外表看起来更加

知识小链接

蛇是无足的爬行动物，正如所有爬行类一样，蛇的全身布满了鳞片。所有蛇类都是肉食性动物，目前全球已知的蛇有 3000 多种，身体细长，四肢退化，眼睑不能活动，没有耳孔，没有四肢。部分蛇是有毒的，但无毒的占据更大比例。在十二生肖中也有蛇这一属相。

❖ 细太攀蛇

凶残。太攀蛇身长可达 2~3.6 米，在澳大利亚是最大型的毒蛇，也是最毒的蛇。

太攀蛇分泌出的毒液，可使受害者的血液瞬间凝结，堵塞人体动脉和静脉，被它咬一口产生的毒液，足以将一个人杀死很多次，换言之，太攀蛇每咬一口释出的毒液足够杀死 100 个成年人、50 万只老鼠，所以被太攀蛇咬到的人没谁能活下来！是不是很可怕呢？

然而让人们感到幸运的是，太攀蛇主要吃老鼠等一些小型哺乳动物，如果人类也在它们的菜单里，那可就麻烦大了。

太攀蛇主要分布于人迹罕至的荒漠，还好它们的性格相对温和，看到人类就会主动避让，所以到目前为止还没有人类死于这种蛇咬伤。

但对待蛇类还是不要掉以轻心，如果不小心遭遇到了它，第一时间要保持冷静，然后再伺机而动，小朋友们记住了吗？

■ Part3 第三章

奇怪的鸭嘴兽

鸭嘴兽光滑的皮毛可以让它在水中自由自在地游泳，眼睛及耳隐藏在皮肤皱褶的地方，这样一来，当它们潜入水中时，皮褶就会紧闭，从而防止水的进入。鸭嘴兽喜欢独居，常把自己窝建造在沼泽或河流的岸边，洞口开在水下，隐蔽工作十分到位。

奇特的外貌

鸭嘴兽最初被人类发现的时候曾被误以为是用几种不同的动物拼凑起来的，奇怪吧？但我们也由此可以想象到它的外貌有多么奇特。乍一看去，鸭嘴兽全身裹着柔软褐色的浓密短毛，十分光滑，就像穿了一层质量上好的防水衣，而嘴巴却又宽又扁，就像一个面具装在脑袋上，看起来的确像是被多种动物拼拼凑凑组合起来的呢。

❖ 鸭嘴兽

小朋友们可不要笑话鸭嘴兽的嘴巴，那还是它的秘密武器呢！与鸭嘴极像的嘴巴质地柔软，而且上面布满了神经，能像雷达扫描器一般接收其他动物发出的电波。这个嘴巴可是鸭嘴兽的信息接收器，依靠这一利器，它就能够在水中寻找食物、辨明方向，在水里游泳的时候还能起着舵的作用呢！

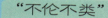

"不伦不类"

鸭嘴兽不仅外貌奇特，连属性都很难被分辨，说它是兽类吧，它却靠产卵来繁衍后代；说它是爬行动物吧，它孵出的后代却是靠母乳喂养的。小朋友们都知道，一般从蛋中孵出的小动物，就像鸡、鸭、鸟之类，都是不吃奶的；而吃奶的动物一般都是胎生的，就像猫、狗、羊之类，这个鸭嘴兽啊，还真是"不伦不类"呢！

所以，这个既产卵，又吃奶的鸭嘴兽，可让生物学家们伤透了脑筋，关于把它归属到哪一类这个问题，就争论了许多年，最后，依据多方的意见，以它的毛发和哺乳的特征作为分类依据，将其列入哺乳类，称它为"卵生哺乳动物"，这才平息了争论。现在，小朋友们知道鸭嘴兽的分类了吗？

身有剧毒

既然已经解决了鸭嘴兽的分类，那么就要深入探究鸭嘴兽的身体密码了，研究者不久之后就发现，鸭嘴兽竟然是带有毒性的！而且是极少数用毒液自卫的哺乳动物。

雄性鸭嘴兽的膝盖背面长有一根空心的刺，如果遇到敌人，就用后肢向敌人猛戳，这时这根毒刺就会释放出毒液，将敌人放倒！鸭嘴兽身上有三种特有的毒素，其余毒素在其他动物身上也有发现，例如海星、海葵、蜘蛛、蛇和蜥蜴等。鸭嘴兽身体里的这些毒素经过不同组合，可能会引起炎症、神经损伤、肌肉收缩和血液凝固等症状，甚至会致人死亡。所以在野外遭遇鸭嘴兽，绝不能去摸它。

生活习性

鸭嘴兽喜欢吃贝类、蠕虫及甲壳类小动物。因为它扁平的鸭嘴没有尖利的牙齿，所以每次在水中逮到食物时，只能先藏在腮帮子里，浮上水面之后，再用嘴巴里的颌骨上下夹击后才大快朵颐。

鸭嘴兽的来历

　　看到这里，小朋友们是不是很好奇鸭嘴兽究竟是怎么进化来的？怎么会这么奇怪呢？

　　如果要追根溯源一探究竟的话，恐怕就得回溯到亿万年前了。这样充满奥妙的动物，既未灭绝，也没多少进化，始终在"过渡阶段"徘徊，而且这种动物仅存于澳大利亚。

　　但是鸭嘴兽的奇特也给它自己带来了麻烦，因人们制作标本和它的珍贵毛皮，多年滥捕而使得鸭嘴兽的种群严重衰落，曾一度面临灭绝的危险。由于其特殊性，澳大利亚政府已制定保护法规对其进行保护。

知识小链接

　　鸭嘴鱼，学名是美国匙吻鲟（又名鸭嘴鲟），原产于美国密西西比河流域，是一种大型淡水经济鱼类。从3亿年之前（恐龙时期）就生活在地球上，并存留下来的一种珍稀鲟鱼类，是世界上匙吻鲟科中仅有的两个品种之一。它与中华鲟以及长江水域中的白鲟同属于鲟形目白鲟科。鸭嘴鱼的鱼嘴扁平酷似鸭嘴，却比鸭嘴长几倍，50多厘米长的身子，又长又扁的嘴巴已经占了一大半。周身光滑，深灰色的鱼身，没有鳞片，更神奇的是鸭嘴鱼的骨头是透明的，而且很脆，可以咬碎了吃掉。

鸭嘴兽

Part3 第三章

海上霸王

> 海洋水族馆里的水母们会随着灯光的变换展现给大家漂亮的颜色，它们轻盈曼妙的身姿，裙带飘飘，晶莹剔透，宛如深海里的精灵。不过，外表的美丽有时候也会暗藏杀机，比如狮鬃水母，可是敢争夺海上霸主的厉害角色！

名字的由来

狮鬃水母之所以会有这样一个名字，是因为在它嘴的周围，有橙黄色的触手，看上去就像狮子的鬃毛一样飘逸，它也因此而得名。

❖ 狮鬃水母

狮鬃水母的体积非常庞大，伞形的躯体能够达到 2 米，体重甚至高达 200~400 千克，有 8 组触手，最多的一组有 150 条之多，最长的甚至能够超过 35 米。

狮鬃水母强大的触手主要用以捕捉食物和防御敌害。这些触手的颜色会随年龄的变化而变化，颜色会由红色变成粉色，因此可以根据它们触手的颜色分辨年龄。

知识小链接

狮鬃水母的家在北极海、北大西洋和北太平洋等海域，根据这些海域的位置我们可以发现，它们都生活在中高纬度地区。

捕食能手

在茫茫大海中，狮鬃水母不单颜色多变，而且还会在水中发光发亮呢。当它们在海中游动时，便会变成一个光彩夺目的彩球，光影随波摇曳，漂亮极了。它们可以借此迷惑猎物！

❖ 变色的狮鬃水母

狮鬃水母常常利用自己迷人的外表来吸引猎物自动献身。它那伞状体下面的细长触手既是狮鬃水母的消化器官，又是它的武器。这些触手上布满了刺细胞，能够射出毒液。当猎物靠近身体时，狮鬃水母的刺细胞就迅速射出毒液，被刺中的猎物会麻痹而死。而后触手就将这些猎物紧紧抓住，缩回来，用伞状体下面的息肉吸住，每一个息肉都能够分泌出酵素，迅速将猎物体内的蛋白质分解。因为水母没有呼吸器官与循环系统，只有原始的消化器官，所以捕获的食物立即在腔肠内消化吸收。

❖ 狮鬃水母

争霸之战

虎鲸是一种大型齿鲸，性情之凶猛从它的名字中就可以略知一二，在海洋里，即便是灰鲸、蓝鲸等大型鲸类也对其畏惧不已，远远见了，就慌忙避开，逃之夭夭，素有"海上霸王"的称谓。

曾经有人目睹过狮鬃水母与虎鲸争霸的壮观场面，敢与海上霸王抗衡，那么它们的对决不能不说是惊心动魄，霸气外露！而最终夺魁的却是狮鬃水母，这又是怎么一回事呢？

❖ 变色的狮鬃水母

在狮鬃水母与虎鲸的较量中，它将虎鲸紧紧缠绕住，性情凶猛的虎鲸自然恼怒不已，在海水中左冲右突，却依旧无法摆脱狮鬃水母的缠绕，最终，挣扎不脱的虎鲸在强壮的狮鬃水母缠绕下不再动弹，细看之后才发现，虎鲸已经一命呜呼了！其实，狮鬃水母已经在神不知鬼不觉的时候，将触手中的刺细胞里的毒液刺进了虎鲸的体内，所以真正让虎鲸命丧黄泉的其实是狮鬃水母的毒。

看到狮鬃水母与虎鲸的疯狂较量，你还觉得水母和它们的外表一样美丽温和吗？对待水母，还是要保持"可远观而不可亵玩"的距离才好。

狮鬃水母在恒温的海域中才会感到舒适，因为温度的变化很容易引起它们的剧烈反应。狮鬃水母主要以浮游生物、小型的鱼类还有其他的水母为食。

❖ 狮鬃水母

Part3 第二章

恐怖的蓝环章鱼

蓝环章鱼个头很小，臂跨不超过 15 厘米。蓝环章鱼只有高尔夫球大小，而且个性害羞，平常喜爱躲藏在石头下面，晚上才出来活动和觅食。体表为黄褐色，很容易与身边的环境融为一体，所以敌人很难发现它们。

蓝环章鱼因它们身体上鲜艳的蓝环而得名。一旦遇到危险，它们身上和爪上深色的环就会发出耀眼的蓝光，向对方发出警告信号——"我可是蓝环章鱼！识相的就离我远点！"

知识小链接

章鱼可以称得上是珊瑚礁中最善于表演的居民了，而且相当有个性。章鱼是领地性动物，要不是它们被频繁地打扰，不然的话它总是要返回自己的家的。

如果有不怕死的忽视它的警告，那么这小个子蓝环章鱼就会让它付出沉重的代价，蓝环章鱼分泌的毒液可以在一次啮咬中就夺人性命，而且距今为止，还没有针对蓝环章鱼的解毒剂，所以，蓝环章鱼称得上是已知的毒性最强的海洋生物之一了。

一般而言，如果人类被蓝环章鱼蜇刺后几乎没有疼痛感，但一个小时之后，毒性就会在全身蔓延，不过幸运的是蓝环章鱼并不好斗，很少攻击人类，不然凭借它那尖锐的甚至能咬破潜水衣的嘴，不知会有多少人丧命在这家伙的嘴下呢！

❖ 恐怖的蓝环章鱼

Part3 第三章

剧毒杀手——响尾蛇

在全球的 3000 多种蛇类中，有毒的就有 600 多种，可在这有毒的 600 多种蛇中，属于剧毒的有很多，而且各有特点，比如响尾蛇。

响尾蛇的尾巴

响尾蛇的独特之处在于它的尾巴能够发出声音，这是因为在响尾蛇的尾部有一串角质环，为多次蜕皮后的残存物，当遇到敌人或急剧活动时，它会以每秒 40 ～ 60 次的速度摆动尾环，并且还会发出尖锐的咔啦声，从而致使敌人不敢近前，或把它们吓得逃之夭夭，响尾蛇也因为这会响的尾巴而得名。

知识小链接

最佳避免接触响尾蛇的方法是保持观察及避免可能的攻击。远足人士在有响尾蛇出没的地区应穿着长皮靴及皮裤，经常留意（特别是在石间）自己的步伐。响尾蛇有时会在小径中央晒太阳，当遇见时就立刻与它保持一定的距离让它逃走。

❖ 剧毒杀手响尾蛇

响尾蛇分两属

响尾蛇分为侏响尾蛇属和响尾蛇属，侏响尾蛇属体积很小，头顶上有 9 块大鳞片，而响尾蛇属的体型则大小不一，因种而异，但头顶上的鳞片都很小。

它们主要分布在加拿大至南美洲一带的干旱地区，体长差距很大，如果从体色来分辨也很困难，少数响尾蛇带有横条斑纹，多数为灰色或淡褐色，有的带有深色钻石形、六角形斑纹或斑点，有些种类为深浅不同的橘黄色、粉红色、红色或绿色。但是不管颜色怎么变化，属性怎么划分，它们都有一个共性，那就是——剧毒！

响尾蛇的毒

响尾蛇都是含有剧毒的。随着蛇咬伤治疗方法的不断改进以及一些民间疗法的抛弃，虽然被响尾蛇咬伤已不再像以前那样威胁人类的生命。但尽管如此，被咬伤还是要遭受很大痛苦的。

但响尾蛇若不是被逼入窘境或是即将受到威胁，它们一般会尝试逃走。而响尾蛇往往都是在被惊吓或愤怒不已的情况下才会咬人，它们的攻击距离约为其身长的2/3，它们也不需要把身体拉后就能发动攻击，一旦发起攻击，人类是躲避不及的。

❖ 剧毒杀手响尾蛇

Part3 第三章

巨型蜘蛛王

它是丛林中的杀手，它也是蜘蛛中的巨人，它不代表正义或者邪恶，它是只为自己代言的捕鸟蛛。

捕鸟蛛因靠捕鸟为食而得名，其中，亚马孙巨型捕鸟蛛是最大型的蜘蛛，如果将其最大足展开，足足有30厘米呢！

亚马孙雨林区的树洞是它们的大本营，它们最喜欢吃的食物是麻雀的幼仔，而且它们一次可以吃下整只乳鸽！

捕鸟蛛是自然界最巧妙的猎手，也是自然界最优秀的纺织工，它们编织的网具有强黏性，一旦有猎物入网，不管是鸟类、青蛙、蜥蜴还是其他昆虫，都难逃捕鸟蛛之口。捕鸟蛛习惯在夜间活动，白天它们就隐藏在附近的巢穴中，如果有猎物不幸落网，它们就第一时间出现，抓住猎物，用长牙注入毒液，将其毒死。它们用长长的牙齿将毒液注入猎物体内，顷刻间就能将猎物放倒，

> **知识小链接**
>
> 亚马孙巨型食鸟蛛，因其巨大的体型荣获"世界最大的蜘蛛"奖项毫无争议。亚马孙巨型食鸟蛛又名哥利亚巨型食鸟蛛，主要生活于南美洲北部的雨林中，其体型最长可达30厘米左右，其中包括足部长度。雌性最高可生活25年，体重最高可达半磅重。

❖ 蜘蛛王——捕鸟蛛

从而美餐一顿。

那么怎么分辨捕鸟蛛呢？很简单，捕鸟蛛的头部有 8 只眼，所以也叫"八眼蜘蛛王"，不过这 8 只眼通常都是用来唬人的，因为这八只眼都不怎么管用，它们都是高度近视眼。

捕鸟蛛的蛛毒具有治疗老年痴呆症、癫痫等病的功效。因此，需求量很大。这些年来，人们已经开始人工养殖捕鸟蛛用于医学用途了。

❖ 蜘蛛王——捕鸟蛛

Part3 第三章

美丽背后的杀机

箭毒蛙独自占有两个世界之最——世界上最美丽的青蛙，世界上最毒的物种之一，美丽背后却暗藏杀机，真叫人又爱又恨。

不过还有一点你可能想不到，那就是箭毒蛙的体积非常小，通常长仅1～5厘米，最小的仅有指甲那样大小。可是，箭毒蛙体积虽小，但因为它周身有艳丽的色彩所以非常引人注目。其中最耀眼突出的要数柠檬黄，举目四望，它似乎在炫耀自己的美丽，又像是在警告来犯的敌人不要轻易招惹自己。值得一提的是，除了人类，这美丽的小家伙再也没有任何敌人了！

❖ 绿色箭毒蛙

箭毒蛙是蛙类

❖ 红色箭毒蛙

家族中最美丽的成员，但是其毒性也是相当惊人的，其中毒性最强的一种箭毒蛙凭自己的毒素可以杀死两万多只老鼠！

箭毒蛙体积小，所以猎捕的食物也以小型昆虫为主，比如残翅果蝇、蚂蚁和蟋蟀等，这类食物在雨林中非常丰富，对箭毒蛙而言也不是什么难事，箭毒蛙的毒性主要来自它们的食物，主要是蜘蛛类，蜘蛛的毒性会被箭毒蛙吸收转化为自身的毒液，所以最好不要因为它美丽的外表而去饲养它，这么强的毒性，虽然不会致人死亡，但潜在的危险性还是很高的。

人类经过长期的研究发现，箭毒蛙的毒液只能通过人的血液起作用，如果不把手指划破，毒液至多只能引起手指皮疹，而不会致人死命。而聪明的印第安人懂得这个道理，他们在捕捉箭毒蛙时，总是用树叶把手包裹起来以避免中毒。

印第安人在很早很早以前，就利用箭毒蛙的毒汁去涂抹它们的箭头和标枪。他们用锋利的针把箭毒蛙刺死，然后放在火上烘，当蛙被烘热时，毒汁就从腺体中渗析出来。这时他们就拿箭在蛙体上来回摩擦，通过这种方式来制作毒箭。用一只箭毒蛙的毒汁，可以涂抹五十支镖、箭，用这样的毒箭去射野兽，可以使猎物立即死亡，从而为捕猎行动降低了风险。

所以，箭毒蛙唯一的敌人就是人类，虽然它本身带有剧毒，却挡不住人类的聪明才智，鉴于现在箭毒蛙已经濒临灭绝，保护箭毒蛙的工作应即刻提上日程。

❖ 蓝色箭毒蛙

Part3 第三章

见血封喉

在本文开始之前，先给小朋友们讲两个传说故事。

一个传说——在云南省西双版纳地区，有一个傣族猎人，有一次，这位猎人在狩猎时被一只硕大的狗熊紧逼而被迫爬上一棵大树，可狗熊仍不放过他，紧追不舍。在走投无路、生死存亡的紧要关头，这位猎人急中生智，折断一根树枝刺向正往树上爬的狗熊，结果奇迹突然发生了，狗熊立即落地而死。从那以后，西双版纳的猎人就学会了把树上的汁液涂于箭头用于狩猎，而这种有毒的树就是见血封喉树。

◆ 见血封喉树

第二个传说——很多年前西双版纳这块土地上，曾经发生过一次洪荒。洪荒过后，准备重建家园的人们上山伐木，在林间碰上了 77 只猛虎。林中猛虎伤人无数，猎户根本没有能力捕杀它们。这时有个叫波鸿沙的男子，为除虎患，服下许多毒药，并让自己的血浸入地下，后来这个地方就育出一棵树来，由于那树吸收了波鸿沙的毒血，树枝中便含有剧毒。最后，村民用这棵树的树枝做成武器战胜了这些猛虎。

传说终究是传说，但是这见血封喉树的毒是真实存在的，带有剧毒的树汁若误入人眼中就会引起双目失明，由伤口进入人体内会引起中毒，导致心脏麻痹、血管封闭、血液凝固，在 20~30 分钟内就会死亡，因此得名"见血封喉"。不过，见血封喉树的汁液只要不接触伤口那么问题就不大了。

见血封喉虽然有致命的毒性，却也有强心、加速心律、增加心血输出量的作用，因此在医药上还有很高的研究价值。此外，它的树皮纤维细长，强力大，容易脱胶，可以作为麻类的代用品，还可做人造纤维原料，从这些方面看，见血封喉还具有十分高的经济价值呢！

见血封喉树又名"戈贡"（傣语），是组成我国热带季风性雨林的主要树种之一，但是随着森林不断受到破坏，植株也在逐渐减少。为了保护这一稀有树种，它已经被国家列入三级保护植物。

据说，凡被用它制成的毒箭，如果射中野兽，上坡的跑七步，下坡的跑八步，平路的跑九步就必死无疑，当地人称为"七上八下九不活"。

❖ 见血封喉树

Part3 第三章

神秘的曼陀罗

小朋友们喜欢西方的传说故事吗？那你们是否听说过在西方的传说中，有一种被赋予恐怖色彩的花？这种花，就是本文的主角——曼陀罗。

因为曼陀罗盘根错节的根部类似人形，中世纪时西方人对模样奇特的曼陀罗多加猜想，当时传说当曼陀罗被连根挖起时，会惊声尖叫，而听到尖叫声的人非死即疯。

❖ 曼陀罗

知识小链接

曼陀罗是高 0.5～1 米，热带长成高达 2 米的亚灌木。叶宽卵形，先端渐尖，基部不对称楔形，边缘有不规则波状浅裂，裂片三角形，脉上有疏短柔毛。花萼筒状，有 5 棱角，长 4～5 厘米；花冠漏斗状，长 6～10 厘米，上部白色或略带紫色；花药长 3～4 毫米。蒴果直立，卵球形，长 3～4 厘米，具长短不等的坚硬短刺，成熟时四瓣裂。种子呈黑色。

此花全株剧毒，据说千万人之中只有一个人有机会看到它开花，所以但凡遇见花开之人，她的最爱就会死于非命。

曼陀罗在地球上顽强地生长，它有众多的名字——曼陀罗又叫曼荼罗、满达、曼扎、曼达、醉心花、狗核桃、洋金花、枫茄花、万桃花、闹羊花、洋金花、大喇叭花、山茄子等，一般野生在田间、沟旁、道边、河岸、山坡等地方，原产于印度。而在我国各省均有分布。曼陀罗喜欢在温暖、向阳及排水良好的沙质土壤中生长，但是它们会对棉花、豆类、薯类、蔬菜等造成伤害，所以还是不要把它们种植在一起为妙！

曼陀罗全株有剧毒，但是它的叶、花、籽都可以入药。虽然味道很苦，却具有镇痛麻醉、止咳平喘的药性。还能制成麻药来减轻病人的痛苦，最著名的就是三国时期医学家华佗用它制成了麻沸散，从而开创了我国外科手术的先河！

❖ 曼陀罗

Part3 第三章

眼镜王蛇真的**戴着眼镜**吗

提起眼镜王蛇，很多人都听说过它的大名，人们在畏惧它剧烈毒性的同时，不禁产生了好奇心：眼镜王蛇为什么要叫这个名字呢？难道它是近视眼，需要戴眼镜？

眼镜王蛇"小档案"

眼镜王蛇的名字很容易让人误以为它是眼镜蛇的一种，但实际上，这种蛇和真正的眼镜蛇是有区别的，它并非眼镜蛇属家族的成员，而是独立的眼镜王蛇属的一分子。

在毒蛇类中，眼镜王蛇的寿命是最长的，通常可以长达 25 年。眼镜王蛇"个子"很高，当它"站"起来的时候，通常有 1.8 米高，差不多能够和一个高个子的成年人对视。

像其他眼镜蛇一样，在感觉到危险时，眼镜王蛇会抬起身体的前三分之一，然后大张着嘴盯住敌人，"秀"出它的武器——毒牙，并

知识小链接

眼镜王蛇拥有很高的"智商"，当捕捉其他蛇类时，能够辨别对方是不是毒蛇。由于它的毒液很珍贵，在对付无毒蛇时，它一般不会用毒液，只是咬住不放，直到猎物不再挣扎；与毒蛇对敌时，它会先激怒对方，让对方在不断的攻击中精疲力尽，它再看准时机，一口把猎物的头颈咬住，并释放毒液杀死对方。值得庆幸的是，眼镜王蛇在野外较为少见，就算遇到人，它也会先立起上半身，张开脖颈，将喉部鲜明的黄白色鳞片露出来，打一个招牌式的"招呼"，提醒对方赶紧走开不要招惹它。

警惕地观察着周围的环境。当眼镜王蛇发出"最后的通牒"——巨大的嘶嘶声时,敌人还不识趣地走开,它就要"出手"了,这也是导致悲剧发生的重要原因。

眼镜王蛇的生活习性

一般来说,眼镜王蛇的"个头"算是非常大了,很少有人类以外的动物敢随便向它挑战,就连庞大的大象,看到它也要退避三舍呢。

它们通常以其他蛇类,如眼镜蛇、金环蛇、银环蛇、鼠蛇等毒蛇与无毒蛇为食,就连体积庞大的蟒蛇,都会成为王蛇的"盘中餐",所以又被叫作"蛇类煞星"。眼镜王蛇也会捕食蜥蜴等其他脊椎动物。和其他蛇类一样,它也以分叉的舌头作为嗅觉器官。当探索到猎物的气味时,它就会启动可以发现一百米外的移动物体的发达视觉器官,采取行动。毒死猎物后,眼镜王蛇会把它整个吞到肚子里,慢慢消化掉。

眼镜王蛇"身手"敏捷,可以从不同的方向攻击敌人。人一旦被它咬中,在几分钟内就会出现言语障碍、腹痛、呼吸麻痹、昏迷等症状,如果在半小时内没有得到有效治疗,就会死亡。但是,最令人惊奇的是,眼镜王蛇体内含有抗毒血清,就算被其他毒蛇咬中,也不会有什么不适。

王蛇主要生活在东南亚一带,如印度、印度尼西亚、菲律宾等地,我国浙江、福建、广东、海南、广西、四川、贵州、云南、西藏等地区也能见到它们的身影。

Part3 第三章

"羞于见人"的美丽生物——黑曼巴蛇

提起黑曼巴蛇这个名字，相信大家一定以为它是一种穿着漆黑外衣的恐怖生物。但事实上，黑曼巴蛇通常并不黑，而是彩色的。

黑曼巴蛇的"名片"

之所以得到"黑曼巴"这样一个奇特的名字，是因为这种蛇有着乌黑的口腔。而它的近亲——危险性较低的绿曼巴蛇，则名副其实地穿着绿色的"战衣"。

一般来讲，黑曼巴蛇的颜色并非黑色，而是墨绿色、棕色、灰色等其他美丽的颜色，它的幼体多数是灰色或墨绿色的。黑曼巴蛇的眼睛主要是棕色或黑色，肚子是白色或米黄色的，部分比较有"个性"的身上还会有一些浅色的条纹。乌黑的嘴巴是黑曼巴蛇的"招牌"，当它张开嘴巴时，还是离它远一点为妙。

知识小链接

传奇色彩是让黑曼巴蛇"名声在外"的重要原因之一。在古老而神秘的非洲，黑曼巴蛇的传奇故事几乎为所有的人耳熟能详。一些人说，黑曼巴蛇的速度快，可以追上一匹驰骋草原的野马；有的人说，在短短60秒的时间里，黑曼巴蛇就夺取了十三个围捕它的猎人的生命；甚至有人说曾经看见一条黑曼巴蛇扑到了汽车的玻璃上。姑且不论这些传说的真实性，由此我们也能更进一步地了解到黑曼巴蛇的一些特性。

黑曼巴蛇的"个头"很高，平均下来，成年的个体长2.5米，最长的可达4.45米，是毒蛇界"第二长"，仅次于亚洲的眼镜王蛇。黑曼巴蛇寿命较长，一般在11年左右，动作非常敏捷，危险性很高，但是好在它们比较"害羞"，不太喜欢接触人类，在无形中避免了不少悲剧的发生。

黑曼巴蛇的"生活规律"

在大多数情况下，黑曼巴蛇喜欢"宅"在地表的洞穴，或岩石、树木的缝隙里，这种美丽的冷血动物，想要保持自身的温度，就必须借助外界的热量，因此，它们每天都要非常舒适地躺在岩石上晒几个小时的"日光浴"，但是，进入夏天后，地表温度过高，它们就会"躲"到地下的"避暑山庄"里乘凉。

在捕食的时候，黑曼巴蛇可以用闪电般的速度在地上爬行。爬行时，它的头能够保持离地面约半米高的姿势。而发起攻击的那一刹那，它的头能蹿起一米高，这种夸张的攻击姿态是其他蛇类很难做到的。黑曼巴蛇的视线非常好，它也因此更

❖ 黑曼巴蛇

具攻击优势，剧毒的毒液是它真正的武器，所以，一旦黑曼巴蛇的狩猎对象被它盯上，几乎没有任何幸存的可能。

黑曼巴蛇的口中有两颗中空的沟状牙，毒液就藏在那里。当咬住猎物的时候，它就会利用嘴里可以移动的嘴骨，将两颗毒牙顶向前方，并把毒液注入猎物身体里。黑曼巴蛇的毒液具有非常强的毒性，能够在很短的时间内将目标麻痹，这样一来，它就可以顺利地将猎物一口吞下去。有意思的是，在猎物到达黑曼巴蛇的胃部之前，它体内的生化酶就已经开始了消化工作，如此强大的消化能力，甚至能够在几个小时内就把最难消化的食物给消化掉。

当然，黑曼巴蛇也不是"常胜将军"，一旦它感觉受到了真正的威胁，就会迅速逃之夭夭，躲回自己的洞穴，在这个过程中，如果有谁想要阻拦它，那可就遭殃了，因为它会不顾一切地发动攻击。

Part3 第三章

黑寡妇蜘蛛和漏斗网蜘蛛

　　蜘蛛是我们生活中非常常见的一种小动物，它们喜欢在屋檐下、墙角里结上一张张网，在上面安家落户，并捕捉一些小昆虫来当作食物。

在很多人看来，结网捕捉害虫的蜘蛛是十分可爱的小动物，也是人类的好朋友。但是，你知道吗？并不是所有的蜘蛛都像我们在生活中见到的蜘蛛那么可爱，在离我们不远的美国和部分其他国家和地区，有一些"脾气"很坏的蜘蛛，具有非常强的毒性，甚至能在很短的时间里，就夺去一个人的生命。在"易怒"而恐怖的蜘蛛"名单"上，黑寡妇蜘蛛和漏斗网蜘蛛就"榜上有名"，现在，让我们一起来了解一下，它们都是怎样"易怒"而恐怖的吧！

恐怖的黑寡妇蜘蛛

　　提起赫赫有名的黑寡妇蜘蛛，很多人都会不寒而栗，它的"毒辣"可是"国际闻名"的。尽管科学研究早就表明，所有的蜘蛛都具有毒性，不同的只是毒性大小而已，而且，在被毒蜘蛛攻击的案例中，有95%以上都不会导致恶果，但是，如果一个人不幸遭遇了一只健壮的大黑寡妇蜘蛛，身体上皮肤较薄的部位被它给咬了一口，接下来要承受的疼痛可以说是一种令人痛不欲生的折磨。

❖ 黑寡妇蜘蛛

医生莱斯里·鲍伊尔讲过一个故事：曾经有一位乡村医生给她打电话，请她帮忙救治一位患者，这位年仅二十多岁的运动型男士，仅仅说了一句话就痛得再也无法开口，甚至呼吸都很困难。"当时强烈的疼痛可想而知，"莱斯里表示，"我希望一辈子别被黑寡妇蜘蛛咬一口。"由此，黑寡妇蜘蛛的厉害程度可见一斑。

"易怒"的漏斗网蜘蛛

虽然美国的黑寡妇蜘蛛、隐士蜘蛛，以及西北部太平洋海岸的流浪汉蜘蛛，都是以毒"闻名"的蜘蛛，但是和悉尼漏斗网蜘蛛比起来，就只能是"小巫见大巫"了。

提起这种致命而危险的蜘蛛，就连毒虫专家都会感觉头皮发麻。可以说，这种易怒的生物是地球上攻击性最强的蜘蛛，如果一名健壮的成年人被它咬上一口，在不到一个小时的时间里就会丧命。

漏斗网蜘蛛的"故乡"在澳大利亚大陆东岸，它们长着一对强劲有力，就连皮靴都能穿透的尖牙——这正是它们释放毒液的武器。成年的漏斗网蜘蛛身体有 6~8 厘米长，尖牙的长度差不多有 1.3 厘米。在进攻时，毒牙像匕首一样往下方猛刺，所以，漏斗网蜘蛛向下猛咬时需要昂首立起才能将毒牙露出来。

如果人不幸被漏斗网蜘蛛蜇咬到，超强的毒性在几分钟时间里就会渗透到人体的各个部分，导致痉挛性瘫痪的发生，甚至陷入昏迷状态，直至呼吸中枢受到毒素侵袭，使患者窒息而死。几十年过去了，澳大利亚人始终保持着对漏斗网蜘蛛的恐怖心理。1981 年科学家们研究出了一种抗毒剂，使数百人的生命得以拯救。

第四章
它们的特异功能

　　有这样一些生物，它们的存在因为自身的特异功能而让大自然变得更加神奇，或许是捕虫高手茅膏菜，雷达专家蝙蝠，还有海中智多星海豚，天然去污能手皂角……

　　见过会飞的鱼吗？想不想知道它们为什么会飞？其实飞鱼并不是飞翔，只是滑翔而已。飞鱼从水下加速游向水面时，鳍紧贴着流线型身体。一冲破水面就把大鳍张开，尚在水中的尾部快速拍击，从而获得额外推力滑到空中。

Part4 第四章

长毛怪不怪

大食蚁兽正如其名，是一种奇妙的、专门以吃蚁类为生的动物。它浑身长毛，尤其在尾部更加密集，长相十分古怪，乍看上去就像一个"长毛怪"，但是长毛怪真的很怪吗？

❖ 长毛怪——食蚁兽

长毛怪的怪相

脊部隆起，弯曲呈拱形，头部又细又长，额部又扁又平，耳朵小，眼睛小，鼻子小，嘴更小，只是头部前端的一个小孔，没有牙齿，吻部像一根铅笔粗细的大圆锥管状，像蚯蚓一样的长舌头最长可以延伸至61厘米，但宽度只有1~1.5厘米。如果这些器官分开来看并不特殊，但是如果它们都拼凑在一起，就显得十分怪异了。小朋友们，根据这些描述，你能在脑海中勾勒出"长毛怪"的相貌吗？

长毛怪的毛

大食蚁兽身上的毛不仅多而且又粗又硬，主要为黑灰色并兼有棕褐色，灰白毛较多，除此之外还有两条宽阔的、镶有白边的黑色条纹，从喉部开始通过肩部直达背部。在地上移动的时候十分引人注目，而且样子看上去怪怪的，十分滑稽。

大食蚁兽的前后肢上都有5趾，前肢粗壮而有力，除第5趾外，其他4

侏食蚁兽生活在中南美洲，茂密的森林地区是它们的栖息地。与巨食蚁兽相比，它们体型很小，体长只有36~45厘米，体重小于400克。体毛软密，呈金褐色，口鼻部较短，尾巴能卷曲，前爪上有两个大爪。食物以蚂蚁或腐烂的水果等为主。夜间活动的侏食蚁兽非常罕见，动物学家并不将其视为一种有威胁的动物。但随着亚马孙河上游变得更孤立和更难以进入或者朝着相反的方向发展，事情可能发生改变。

趾都有像镰刀一样弯曲的长长的钩爪，特别是中趾的爪十分强大，这可是它进行自卫和挖掘蚁穴的主要武器呢。

但是，由于钩爪太长，使得它行走时前脚掌无法着地，只能把长爪向后屈曲，以趾背着地，形成一瘸一拐的古怪步法，姿态又笨拙又可笑。大食蚁兽尾巴上的毛很发达，不仅长而且蓬松，就像一把拖在身后的大扫帚，不仅可以遮风挡雨，在睡觉的时候还可以蒙在头上或者铺在地上当作绒毛毯子，可实用了呢！

长毛怪不怪

其实大食蚁兽的个性是相当温和的，所以，如果在野外遇到它，大可不必惊慌，它们行动非常迟钝，从来不会危害人畜。

大食蚁兽喜欢白天出来活动、觅食，夜晚就睡觉、休息，作息很有规律。

大食蚁兽多生长在南美洲的热带雨林里，但是由于热带雨林不断遭到破坏，大食蚁兽的数量已经日渐稀少，目前已经被列入世界濒危物种的保护名单中，受到南美各国政府的严格保护。

❖ 长毛怪食蚁兽

穿山甲真的能**穿山**吗

小朋友们还记得《葫芦兄弟》里的那只惹祸的穿山甲吗？那只穿山甲本领高强，却办了坏事，那么现实中的穿山甲是什么样子的呢？我们一起来认识一下吧。

❖ 可爱的穿山甲

形态特征

穿山甲狭长的身体上布满了鳞甲，四肢又粗又短，看起来像一个一身戎装的铠甲勇士。一只成年的穿山甲身长 50～100 厘米，尾长 10～30 厘米，体重 1.5～3 千克。

头部呈圆锥状，小眼睛，尖嘴巴，长舌头，没有牙齿，耳朵也不发达，但是唯独嗅觉极其灵敏，仅凭这灵敏的嗅觉就让它独步山林了。再加上那一身戎装，穿山甲遇到敌人时就蜷缩成球状，坚硬的铠甲令猛兽难以下嘴伤它。当大型食肉动物试图去咬缩成一团的穿山甲时，穿山甲还会利用肌肉让鳞片进行切割运动，割破敌人的嘴巴，那些试图吃掉穿山甲的敌人会付出惨痛的代价。

生活习性

穿山甲虽然体积小，食量却不小，一只成年穿山甲的胃，可以容纳 500 克白蚁。据科学家们观察，在 250 亩林地中，只要有一只成年穿山甲，白蚁就不会对森林造成危害了，由此可见穿山甲在保护森林、堤坝，维护生态平衡和人类健康等方面都会起到很大的作用。

穿山甲喜欢独居于洞穴之中，只有繁殖期才会成双成对生活。此外穿山甲还非常讲卫生，它们每次大便前，就会先在洞口的外边1~2米的地方用前爪挖一个5~10厘米深的坑，将粪便排入坑中以后，再用松土覆盖，堪称动物世界讲卫生的标兵呢！

那么穿山甲真的会穿山吗？

其实这是由于穿山甲善于掘洞而居，挖洞之迅速犹如具有"穿山之术"，而它的外表又会使人联想到龙或麒麟等古代神话中的动物，除了脸部和腹部之外，全身披着500~600块呈复瓦状排列的、像鱼鳞一般的硬角质厚甲片，不仅外观很像古代士兵的铠甲，而且硬度更是超过了铠甲，据说用小口径步枪都难以击穿，牙齿锋利的野兽也奈何不得，因而被称作"穿山甲"。

> **知识小链接**
>
> 根据陶弘景著《本草经集注》的记载，穿山甲是一种食蚁动物，它"能陆能水，日中出岸，张开鳞甲如死状，诱蚁入甲，即闭而入水，开甲蚁皆浮出，围接而食之"。穿山甲的生活习性果真是这样吗？为了弄清这个问题，李时珍跟随猎人进入深山老林，进行穿山甲解剖，发现该动物的胃里确实装满了未消化的蚂蚁，证明了本草书的记载是正确的。但李时珍发现穿山甲不是由鳞片诱蚁的，而是"常吐舌诱蚁食之"。他修订了本草书上关于这一点的错误记载。

保护级别

穿山甲不仅能够帮助人类保护森林，它还有很重要的药用价值，因而遭到人类毫无节制的捕杀，再加上它们的栖息地被破坏，使得它们的数量在20世纪中期至末期极速锐减。

为了保护穿山甲，穿山甲属所有种均被列入《濒临绝种野生动植物国际贸易公约》附录II。在我国，穿山甲被列为国家二级保护动物，禁止私人捕杀和食用。

Part4 第四章

美人鱼真的存在吗

你是不是都很喜欢安徒生童话故事里的美人鱼呢，美人鱼的美丽、善良、单纯让我们深受感动，那么美人鱼真的存在吗？

童话故事中的美人鱼的上半身是披着长发的美丽姑娘，而下半身却是鱼的身体，这样奇特的外貌决定了美人鱼只是出现在童话故事和传说中。但是，神秘的大自然无奇不有，虽然没有和美人鱼一样美丽善良的长发姑娘，却有和她神似的——儒艮。

知识小链接

黑鳞鲛人，即传说中的"美人鱼"，世界上已经有很多人发现人鱼的尸骨了，美国海军还曾捉到过一条活的。据说海中鲛人的油膏，不仅燃点很低，而且只要一滴便可以燃烧数月不灭。

为什么会有这样的对比呢？还得从以色列发现疑似美人鱼的新闻说起，曾有人在以色列看到"美人鱼"趴在礁石上。但专家表示否定——游客看到的以色列美人鱼很有可能就是儒艮。儒艮的乳头十分肿大，所以常常被误当成女人也不足为怪了，而且儒艮经常会在礁石上休息，半躺半卧的姿势像极了童话故事里的美人鱼。

儒艮虽然在海洋中生活，它却不是鱼，而是哺乳动物，而且长得也并不美丽。

儒艮的身体呈纺锤形，头骨又厚又大，体长在 1~3 米，体重甚至超过1000 千克，身体又肥又粗，看上去就像一根中间粗、两头细的巨型萝卜！大大的脑袋有点圆，而鼻子和眼睛都小小的，厚厚的嘴唇却配了张小嘴。它有厚厚的嘴唇，雄性儒艮还有包不住大大的上门齿，很像《海绵宝宝》里蟹老

❖ 儒艮

板的女儿珍珍，说不定珍珍的原型就是儒艮呢！

虽然儒艮的样子很丑，但是它的性格很温顺。它和美丽可爱的大熊猫一样，都是珍稀动物，是维护生物多样性的重要一员，儒艮不仅是世界上最古老的海洋动物之一，也是海洋中唯一的素食者，这在海洋弱肉强食的食物链中可不多见。

儒艮的数量本来就少，再加上工业污染近海，海底植被被彻底破坏，儒艮面临着饥饿的威胁，不得不离开原来的家园。而渔民使用带钩的渔网捕鱼，也使得大量儒艮死亡，导致是儒艮的数量在锐减，鉴于此，儒艮被列入国家一级濒危珍稀哺乳类保护动物。目前世界上仅存 5 个种群的儒艮，主要分布在非洲东南部、马来西亚、菲律宾、澳大利亚和中国北部湾沿岸。在我国广西北海市合浦县就有我国唯一的"美人鱼"保护区——广西合浦儒艮国家级自然保护区。

不管儒艮和美人鱼像或者不像，它们的存在都为世界的生物多样性做出了贡献，所以，保护儒艮的栖息环境，保证儒艮的健康成长，需要我们人类做出努力。

无敌的**北极霸主**

动画片《熊出没》里面的熊大和熊二憨态可掬，而且还有点小聪明，它们是生活在丛林中的棕熊，那么小朋友们见过生活在冰天雪地里的熊吗？

北极，在地球的最北端，如果小朋友们在地图或者地球仪上看，就会看到一个白色的区域，那个区域就是北极了，和广袤的亚欧大陆相比，北极大部分都是被冰雪覆盖的，最低气温可达零下 70 摄氏度，但即使是这么寒冷的地方也有动物在活动，而且还是非常霸气的动物，它叫作——北极熊。

北极熊是北极地区最大的食肉动物，所以它自然而然就成了北极的主宰了！

北极熊浑身都是白毛，这些白毛可是它的御寒利器，不仅覆盖了全身，连耳朵和脚掌也被厚厚地覆盖起来了，在北极熊的毛发里藏着许多无色透明的中空小管子，这些小管子就像保温瓶那样，可以很好地保证北极熊不会受严寒侵袭。其实，北极熊的皮肤可没有那么白，它们的皮肤是黑色的！只不过被白色的毛发遮盖了而已，不信，你看它那黝黑黝黑的鼻子呀！

北极熊是世界上最大的陆地食肉动物，它们还会主动攻击人类，而它们的菜单里不仅有海豹、海象这些体型相对较小的动物，还有白鲸、海鸟、鱼类等动物。除此之外，在食物短缺的时候，它们还会扫食腐肉，夏天来的时候还会采摘一些水果或者植物的根茎来吃呢！

❖ 无敌的北极霸主——北极熊

如果说北极的标志是北极熊，那么南极的标志无疑就企鹅了！目前已知全世界的企鹅共有18种，它们的共同特征是不能飞翔，脚长在身体最下部，所以会呈现直立的姿势。企鹅流线型的身体便于它们在水中游泳，羽毛短，因此减少了摩擦和湍急的水流，羽毛间还存留一层空气，可以绝热。

北极熊还有一个特长，那就是擅长游泳，还是一个高手呢！在海里游泳的时候，时速能够达到每小时10千米，在那样冰冷的海水中，它们用两条前腿划水，后腿则并在一起，掌握着前进的方向，像舵一样控制方向，一般来说，北极熊一口气可以畅游四五十千米！

北极熊虽然擅长游泳，却不能长时间待在水中。可是令人心痛的是，随着全球温室效应的加剧，北极大量的冰雪融化，而那些冰盖也变得脆弱，北极熊赖以生存的"陆地"变成了汪洋大海。现在，人们会经常发现北极熊干瘪的尸体，它们不是被人类猎杀，而是活活累死的，因为它们再也找不到可以休息的冰盖，只能拼命地在水里游来游去，无助地寻找栖身之所。

为了减缓温室效应，我们可以随手关灯，尽量减少空调和冰箱的使用时间，出门搭乘公共交通工具，以减少温室气体的排放，为保护我们的生活环境出一份力。

❖ 无敌的北极霸主——北极熊

Part4 第四章

雷达专家——蝙蝠

痴迷蝙蝠侠的小朋友们，一定也了解蝙蝠侠的特异功能吧？一直以来蝙蝠在人们的观念中是吸血鬼或者黑暗杀手的模样，那么自然界中蝙蝠的真实面目是怎样的呢？

长相奇特

蝙蝠有一双黑色翅膀，喜欢在夜间飞行，而且它们还全身是毛，长相和老鼠颇有几分相像，这些就是蝙蝠的大致特征，那么除此之外还有哪些更为细致的特点呢？

蝙蝠的种类有很多，因此它们身上的颜色也不一样，但是一般多为褐色，也有淡红色、黄色和白色，而且形体的大小差别也很大，最重的有 1 千克，而最轻的才 1.5 克。

❖ 雷达专家——蝙蝠

蝙蝠和鸟很像，有的蝙蝠和老鼠很像，甚至有人说蝙蝠是老鼠变出了翅膀，这些说法不得不说有牵强附会之嫌呀！

会飞的小兽

人们常用"飞禽走兽"一词来形容鸟类和兽类，但这种说法有时并不一定正确，因为有一些鸟类并不会飞，如鸵鸟、鸸鹋、企鹅等；同样也有一些兽类并不会走，如生活在海洋中的鲸类等，而蝙蝠不会像一般陆栖兽类那样在地上行走，却能像鸟类一样在空中飞翔。

蝙蝠是唯一能振翅飞翔的哺乳动物，其他像鼯鼠等能飞行的哺乳动物，只是靠翼形皮膜在空中滑行而已。蝙蝠的翅膀不像鸟类那样有羽毛，而是粘连了一层薄薄的翼膜，这是因为在进化过程中蝙蝠的前肢被异化了，除此之外，蝙蝠是胎生而不是卵生，所以，蝙蝠虽然会飞，却不能称为鸟类，只能说是会飞的小兽！

知识小链接

在河南省西峡县双龙镇罐沟村黄家沟的山坡上有一个溶洞，这个洞深600多米，宽处有15米，窄的地方约40厘米，这个溶洞的神奇之处在于里面有许多蝙蝠聚集，它们三五成群地倒挂在石壁上，排下的粪便已经有两米多厚，颜色像深褐色的泥土。

蝙蝠粪具有清热明目的去火功效，所以具有很高的药用价值。

雷达专家

作为哺乳动物的一员，蝙蝠有一个神奇的绝招，那就是能在迷蒙的暮色里捕食空中飞行的昆虫！而这对于其他非夜行的动物而言几乎是不可能的，那么，蝙蝠为什么可以准确地捕捉到飞着的昆虫而且百发百中呢？

原来，蝙蝠身上有一种令人叫绝的"特异功能"。科学家经过仔细观察，发现它的喉咙能发出很强的超声波，而它的耳朵结构非常复杂，高高地耸立着，就像一个接收超声波的仪器。根据超声波的原理，它在空中发出的超声波如果遇到空中飞行的小虫，就会很快地反射到它的耳朵里，这样它就能够准确判断出小虫的位置，接下来就迅速地扑过去，这些小虫就难逃生天了。

◆ 雷达专家——蝙蝠

最神奇的是，蝙蝠甚至能够凭借反射回来的声波，准确识别前方的障碍是食物还是树木，从而大大提高准确率，做到百发百中，自己也不会被撞得头破血流。

现在我们使用的雷达就是根据蝙蝠的这种特性研制而成的，看来蝙蝠在推进科技发展方面还是一个大"功臣"呢。所以作为"雷达专家"，蝙蝠还有很多地方值得我们去研究和学习。

总之，除了少数吸血蝙蝠，蝙蝠算得上是对人类有益的朋友！它不仅给人类带来了制造雷达的灵感和方法，还能够消灭害虫、传播花粉、扩散种子，在不知不觉中就给人们的生活带来了好处。

❖ 雷达专家——蝙蝠

❖ 雷达专家——蝙蝠

Part4 第四章

炸弹树的威力

如果你有机会漫步在非洲森林中，走着走着就会听到轰的一声巨响。莫急莫慌，这并不是有人恶作剧，也不是战争爆发，而是一种神奇的树在搞怪。循声望去，你有可能会看见被炸得血肉模糊的鸟儿或者其他小动物，这场惨剧就是炸弹树的果实酿成的。

炸弹树的果实有着异常坚硬光滑的壳，到了成熟期，非洲炎热的天气导致果壳表层的水分被大量蒸发，可是果壳里面却依旧湿润，所以，当逐渐收紧的表层再也无法包住果肉时，它们就会彻底释放——突然爆裂！而这突然爆裂就是听到的巨大声响，这瞬间的

❖ 炸弹树

爆裂有着巨大杀伤力，其威力不亚于一枚小型手雷呢。

在南美地区，"炸弹树"花朵的授粉是由蝙蝠完成的。因为畏惧炸弹树的威力，每当果实成熟的季节，当地人都不敢走在"炸弹树"的树底下，生怕自己"中弹"。居民的房屋也是尽量避开炸弹树存在的地方，修建道路的时候也是如此，谁

知识小链接

炸弹树主要分布在非洲和美洲，高达3～6米，在夏季会开出许多美丽的花朵，它们的花萼是焰苞状，花的颜色是浅绿色。这么柔软的花朵结出的果实却十分坚硬，比椰子还要坚硬许多，所以当地人就给它们取名为"炸弹果"。

叫炸弹树总是"炸人不商量"呢！所以只有躲得远远的。

❖ 炸弹树

请勿触摸
以免爆炸伤人
Do not touch to
avoid explosions hurt

Part4 第四章

会捕虫的植物

众所周知，昆虫会把植物当作美食，可是大自然的神奇之处就在于，它总是让我们看到意料之外的事情，世界上竟有把昆虫当作食物的植物。

有一种把虫类当作食物的植物叫茅膏菜，别看它的名字没什么奇特之处，但是，作为资深食肉植物的它可是让许多虫类闻风丧胆呢！

❖ 会捕虫的茅膏菜

❖ 会捕虫的茅膏菜

那么既然是植物，它怎么能够把活蹦乱跳的小虫子抓住呢？难道茅膏菜也会自己长出手脚来吗？其实，不一定非得有手有脚，茅膏菜的叶面布满了能够分泌黏液的腺毛，而且茅膏菜自身长得十分精致美丽。昆虫如果看到这样美丽的植物，会被吸引过去，可是，它们怎么也不会想到，自己正在走向死亡。

只要昆虫停落在叶面上，就会被黏着力很强的黏液粘住，而茅膏菜的腺毛又极其敏感，一旦被触及，就会向内和向下运动，把落在上面的昆虫紧紧地压在叶面下，之后就会从腺毛中分泌出蛋白质来分解这可怜的昆虫。

知识小链接

瓶子草属于瓶子草科，原产于西欧、北美和墨西哥等地，在相貌上和猪笼草很接近。瓶子草的筒状叶内能够分泌消化液，与其储藏的雨水结合后会促使失足落入筒内的昆虫溃烂，它们就是利用这个特点捕捉和消化蚂蚁、黄蜂等昆虫的。

可是，茅膏菜为什么喜欢吃昆虫呢？究其科学原理，还是因为茅膏菜不发达的根系，不能够及时补充身体内缺乏的氮素养分，所以，只好另辟蹊径了。

有一个可以分辨茅膏菜的方法，那就是在茅膏菜的周围或者叶面上会留有昆虫的尸体，这当然是因为它们没有消化干净的昆虫留下的。

❖ 会捕虫的茅膏菜

Part4 第四章

黑暗中的魔鬼

> 如果要在动物王国中评选明星的话，星鼻鼹一定会以它奇形怪状的鼻子胜出，它那像章鱼触须一样的鼻子非常独特。这也是星鼻鼹名字的来历，在动物王国中堪称独一无二！

星鼻鼹生长于北美洲东部，在加拿大东部及美国东北部也有人曾经看到它们的踪迹。所以在其他地方，人们是看不到它们的。

星鼻鼹是一种小型动物，它们的体积很小，一只成年的星鼻鼹大约是小老鼠的两倍大，平时喜欢吃水生昆虫、蚯蚓和软体动物，它们最突出的特点就是环绕鼻尖的 21 只肉质触手，就像脑袋上开了一朵粉红色的花一样，除此之外还有那生着巨爪的前肢，这就是为什么要把星鼻鼹列为动物王国明星的原因。

❖ 星鼻鼹

鼹鼠是一种在地下掘土生活的动物，它的身体完全适应地下的生活方式，有力的前脚和爪子就像两只铲子，身体矮胖，外形和老鼠很像。鼹鼠多栖居于海拔1500米以下的山间盆地、河谷地，食物以地下昆虫及其幼虫为主。由于长期居住在地下，鼹鼠成年的时候，视力会退化，在暗无天日的环境中生存久了就不能长时间接触阳光，不然，中枢神经就会混乱，各器官失调，甚至会导致死亡。

如果你看到这个"脑袋上开了一朵粉红色的花"的小动物会不会吓一跳呢？怎么会在脑袋上开花呢？可不要小觑这粉红色的花瓣，这21只触手上覆盖着几万个细小颗粒呢，这些颗粒十分敏感，能帮助星鼻鼹发现身长小于半厘米的生物，所以是星鼻鼹的"捕食探测仪"。即使在水中或者黑暗的环境中也能够准确无误地探测，这种本领对于新陈代谢快、总也吃不饱的星鼻鼹来说弥足珍贵。

除此之外，在世界吉尼斯纪录中，还有一项和星鼻鼹有关，因为它是吃东西最快的动物，它们从捕食到把食物彻底吞噬用不到1秒钟的时间。

可是为什么说星鼻鼹是黑暗中的魔鬼呢？这和星鼻鼹的作息习惯有关，它们就仗着自己有21只触手做探测仪，在伸手不见五指的夜晚也能够横行霸道，而且那21只触手张牙舞爪的样子很容易就吓唬到其他小动物，行动迅速的它们如果在黑暗中穿梭，就像魔鬼一样神出鬼没，久而久之自然会有这样的称谓。

Part4 第四章

海洋中的军事谋略家——盲鳗

鲨鱼作为最凶猛的鱼类，在海底世界可谓所向披靡，游弋所及，其他鱼儿无不闻风丧胆，落荒而逃。可是，偏偏就有例外敢于挑战权威，那就是盲鳗。

盲鳗拥有细长的身体，在形体上盲鳗已经输给鲨鱼一大截，可是它却依靠着智慧和自己的特长来了个"曲线反抗"。

盲鳗的口就像个椭圆形的吸盘，里面镶着密密麻麻的锐利的牙齿。它往往会用自己那吸盘似的嘴吸附在鲨鱼身上，而这神不知鬼不觉的吸附并不会引起鲨鱼的注意。究其原因可能有下面两种：第一，盲鳗的吸附举动很容易被理解成谄媚，如此紧密而持久的亲吻还能有别的解释吗？特别是对习惯于君临天下、俯视群臣的鲨鱼来说，它怎么会理解这小小的依附者竟敢怀有野心呢？第二，吸附的盲鳗紧贴在鲨鱼身上，随它四处游弋，时间一长，鲨鱼再狡猾也会渐渐放松警惕。"它不过是在狐假虎威，索性分一点残羹冷炙给它好啦！"鲨鱼甚至可能这样自以为是地想。盲鳗正是利用了这一点，才能将鲨鱼置之死地。是不是很可怕呀，盲鳗善于等待，从而放长线钓大鱼，这也是它最常用的策略。

鲨鱼逐渐放松了警惕，而吸附在鲨鱼身上的盲鳗才刚实施它的计划，盲鳗一点点向鲨鱼的鳃边滑动，鲨鱼甚至会以为这是盲鳗进一

❖ **盲鳗的牙齿**

揭秘神奇的生物

知识小链接

七鳃鳗，也称为八目鳗、七星子，属于一种十分古老的鱼类。

它的嘴呈圆筒状，没有上下颚，口内有锋利的牙齿。

它们主要以动物尸体为食，它们用那圆筒状的嘴啃咬动物尸体，然后让自己整个钻进去，甚至可以在里面待上两三天。

主要分布在北冰洋水域，包括白令海、朝鲜沿海、日本沿海的北太平洋，及加拿大、蒙古、中国东北淡水水域。

步谄媚的举动，而这时，盲鳗已经悄悄地从鳃游向它的体内了！这时候鲨鱼应该觉得有点不对劲了吧，可为时晚矣……盲鳗凭借自己细长的身体毫无阻力地游进鲨鱼的腹腔……

此时，这个无法面对面与鲨鱼抗衡的小动物，在暴君的腹内兴风作浪。它开始大举吞食鲨鱼的内脏和肌肉，食量庞大的盲鳗，每小时吞吃的东西相当于自己体重的两倍呢！而且它还很贪婪地一边吃一边排泄，完全把鲨鱼的腹腔当成自己的家了！而鲨鱼承受不住如此疼痛，痛苦地翻腾着身体在深海中横冲直撞，直到把自己撞得头破血流，却怎么也无法摆脱那两排已深入自己体内的利齿。

鲨鱼就这样葬身于曾经向自己谄媚的盲鳗口中，所谓"养虎为患"，盲鳗在大自然中成功演绎了"以弱胜强"的战争奇迹。而且盲鳗可谓深海中的军事专家，且看它如何运用"三十六计"的？首先是瞒天过海，笑里藏刀，得以靠近鲨鱼，随后是暗度陈仓潜入腹内，

❖ 盲鳗

再来个釜底抽薪，最后是走为上计。还有一计，便是苦肉计。因为盲鳗经常钻进鲨鱼腹内，很少见到阳光，眼睛已经退化成瞎子。这也是它名为盲鳗的原因。

Part4 第四章

海上救生员

相信去过海洋馆的朋友一定最喜欢看海豚的表演，看它们在水中表演芭蕾舞，还会转呼啦圈，是不是很有趣呢？

海豚是人类的朋友，而且它们还很乐意和人们亲近呢！提起海豚，人们对它的印象就是聪明。除了可以在海洋馆中表演，它们还是海上的智多星和海上救生员呢！接下来我们就一起去海洋中看看吧！

知识小链接

鼠海豚是一种可以长约 1.85 米的齿鲸。它的背部呈黑色，腹部呈白色，以鱼、甲壳动物和乌贼为食。

1992 年，一艘正在大西洋中航行的印尼货轮上有两名海员不小心掉进了海里，正当他们挣扎的时候，一群海豚赶来，它们围成一个圆圈，把落水的一名海员托出了水面，而另外一名海员却发现自己的腰间被撞了一下，那也

❖ **海豚**

是一只海豚，这只海豚陪伴着这名船员，和他一起游泳，直到把它送到船边。

海豚为什么会热衷于救人呢？这样与人类亲近的行为让人们感到不可思议。直到后来的研究才发现，原来，海豚救人是源于对子女的"照料天性"。

海豚是用肺呼吸的，每隔一段时间就得浮出海面呼吸，所以，刚刚出生的小海豚必须熟稔地掌握这个技能，但是如果遇到意外就得母亲帮忙，母

海豚用吻轻轻把小海豚托起来，让它们露出水面，或者叼住小海豚的胸鳍使它们到水面上换气。

这种行为是海豚以及其他鲸类的本能，虽然最初的动机是为了保护自己的幼仔，但是后来就演变成了一种习以为常的天性，不止是幼仔或者人类，在水面上不积极运动的物体哪怕是一根木头也会引起它们的注意，并会主动前去救助。

更神奇的是，对年幼海豚的救助不仅限于它的亲生母亲，其他雌性海豚也乐于帮忙，它们会共同保护自己的同类。

海豚的大脑十分发达，所以智商很高，不仅能在海洋馆中做数学题，跳芭蕾舞，转呼啦圈，还是海洋中见义勇为的救生员，聪明的海豚不愧是人类的好朋友！

❖ 海豚

皂荚，天然的**去污能手**

人们洗衣服都会用到什么呢？有水盆、洗衣机、洗衣粉，那你知道在没有洗衣机和洗衣粉的古代，人们是怎么洗衣服的呢？

第一眼看到皂荚，感觉它和扁豆长得很像。其实，别看它貌不惊人，它的身体里的玄机可多着呢！

古人在洗衣服的时候就会采摘几个皂荚，再把它们捏碎放在温水中浸泡一会儿，慢慢地，就会有许多泡沫出现了，这些泡沫和现在使用洗衣粉或者洗衣液的时候出现的泡沫一样，却是去污汰渍的好帮手！

知识小链接

扁豆，一年生草本植物，开白色或者紫色花，荚果呈椭圆形，扁平，微弯。种子为白色或紫黑色，可入药。

皂荚生长在温暖湿润的环境中，对土壤的要求也不高，哪怕是盐碱地它也能够存活。皂荚树的生长速度很慢，但是寿命很长，能够活六七百岁呢！

❖ 去污能手——皂荚

经过不断地试验，人们发现皂荚浑身是宝，皂荚果不仅可以用作清洁用品，还能用作医药品、食品、化妆品、保健品等，种子可消积化食开胃，其中含有的一种植物胶（瓜尔豆胶）是重要的战略原料，也可以当作药品，

❖ 去污能手——皂荚

说不定小朋友们生病时候吃的药物里面就有！皂荚刺（皂针）里面含黄酮甙、酚类、氨基酸，也可以当作工业原料！

皂荚虽小却有诸多的用处，看来我们真的不能小觑它呢！相信在人们的不断研究下，会发现越来越多的用途。

皂荚最适宜在22℃～23℃的温度下生长，对土地的适应性很广，如果在排水良好且肥沃的沙质土壤中能够显著增产。

❖ 去污能手——皂荚

Part4 第四章

沙滩艺术家

你喜欢在海滩上随心所欲地涂鸦吗？你喜欢画出什么样的图案呢？如果有机会可以去沙滩，一定要去看一看喷沙蟹，它可有着"沙滩艺术家"之称。

不要小瞧这只小螃蟹，虽然身体小，却有着大大的梦想，喷沙蟹有世界上最大的画布——沙滩，有世界上最神奇的画笔，不是神笔马良的画笔，而是自己的嘴巴！怎么样，神奇吧，快来看它怎么用自己的嘴巴画画吧！

知识小链接

离巴西马腊尼昂州府圣路易斯市 30 千米处，有一个并不引人注目的小岛，这个岛上螃蟹密布，人们就把它称为"螃蟹岛"。

喷沙蟹学名是圆球股窗蟹，它们身上有一些深褐色的斑点，但是整个躯体还不到 1 厘米长，虽然个头小，但是动作很快，尤其是在退潮之后，它们能够迅速占领寂静的海滩，在海鸥的鸣叫和潮水拍打海岸的呼啸声中开始自己的创作。

只见它们从洞穴中钻出来，像一个忙碌的机器人一样在洞口周围走来走去，一边走一边用自己的双螯和前肢挖出一块块泥沙团放在自己嘴巴里，然后卖力地汲取沙团中的有机物，之后再把多余的没有价值沙土喷射出去，就像喷出沙粒，

❖ 沙滩艺术家——沙滩蟹

而这喷出去的沙粒在沙滩上排列成了许许多多小球形状的图案，远远看去，就像一件观赏价值极高的艺术品，而这随意的涂鸦不管有意还是无意都给沙滩增添了许多亮丽的风景，不知在海滩边玩耍的小朋友有没有见到过呢？

❖ 螃蟹

在这个岛上，最动人的场面是螃蟹的"恋爱舞会"，是世界上极罕见的奇观。因为螃蟹交尾有固定的时日，而且都在满月时候，所以它们就会在同一时间大规模聚集在一起。交尾仪式开始后，雌雄双方先是翩翩起舞，数不清的螃蟹在一起踏着整齐的步伐，气氛十分热烈。螃蟹交尾后，便纷纷钻进洞内，消失在富含碘的胶泥中，就像现在流行的"快闪"一样迅速！

❖ 螃蟹

■ Part4 第四章

飞鱼真的会飞吗

你见过会飞的鱼吗？我们将一起认识会飞的鱼吧，相信你一定会喜欢它的！

真的有会飞的鱼吗？没错，飞鱼真的会飞，它也是因此而得名的，而与其说它们在飞，不如说它们在滑翔更为贴切。

飞鱼在每次出水之前都会在水里加速游动，同时调整自己的身体角度，眼看就要接近海面了，就将胸鳍和腹鳍紧紧贴在身体两侧，使身体进入"发射"状态，其实这样做很好地减少了身体在空中遇到的阻力，从而可以飞得更高，飞得更远。

飞鱼在出水瞬间利用分叉的尾鳍在水中急速摆动，通过摆动产生的力量

反作用于自己的身体，靠着这强大的冲击力，飞鱼就像箭一样拨水而出啦！而出水后，飞鱼就立即张开又长又宽的胸鳍，开始自己的滑翔飞行表演。飞鱼能在离水面4～5米的空中飞行200～400米，是世界上飞得最远的鱼呢。

❖ 飞鱼

另外，飞鱼的视觉在白天的时候很敏锐，可是到了晚上就不行了，有些飞鱼常常会飞进航行的船只里，这样就成为人们的美食。

知识小链接

飞鱼并不轻易跃出水面，只有当遭到敌害攻击的时候，或者受到轮船引擎震荡声刺激的时候，才施展出这种本领来。可是，这一绝招并不绝对保险。有时它在空中飞翔时，往往被空中飞行的海鸟所捕获，或者落到海岛，或者撞在礁石上丧生。飞鱼生活在热带、亚热带和温带海洋里，在太平洋、大西洋、印度洋及地中海都可以见到它们飞翔的身姿。

第五章
超乎想象的怪物

　　小朋友们长大以后都想成为什么样的人呢？有没有小朋友想要成为一名探险家呢？

　　接下来的章节，我们就一同去"探险"，看看那西伯利亚冰冷的水域里的鬼怪，然后再去那深海看看大王乌贼的"庐山真面目"，当然顺便认识一下章鱼哥的同族——巨型章鱼，说不定我们还会遇到真正的"牛头马面"——海牛！小朋友们是不是已经跃跃欲试了呢？

Part5 第五章

世界上真的有**龙**吗

我们探险的第一站，就是西伯利亚冰冷的海域，在这里我们即将看到传说中的水怪——西伯利亚龙，当然，这个神秘的大家伙到现在还是个谜团。

关于西伯利亚龙的传说，还得追溯到20世纪50年代，有一个叫伊万·马泽图帕的工程师拍摄了一张照片，这张在1956年7月13日拍摄的照片中出现了西伯利亚龙。

只见那西伯利亚龙头上生着两只大角，在浑浊的河面上露出面孔，优哉游哉地游动着，那张人们从未见过的

❖ 文化艺术——龙

面孔就像我们中国民间传说中的龙那样，所以这个不明生物也是因此而得名的！

当时，苏联正在开发西伯利亚，西伯利亚地区人烟稀少，不利于人类的生存，但是自然资源异常丰富，这给各种动植物

知识小链接

世界十大未解之谜：泰坦尼克号沉没之谜、尼斯湖水怪之谜、肯尼迪之死、秦始皇兵马俑、UFO之谜、鬼魂之谜、韩国客机坠落之谜、人体自燃之谜、奇迹之谜、裹尸布之谜。

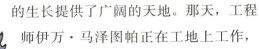

的生长提供了广阔的天地。那天，工程师伊万·马泽图帕正在工地上工作，在工作间隙的时候就给高空作业的同事们拍照，正当他准备按下快门的时候，突然发现有一个巨大的不明物体闯入了取景器！

他一开始还以为是一块漂浮在河面上的木头，定睛一看，却惊讶地发现那是一个从未见过的"怪物"，但是那个长有两只尖角，以"S"形在水中游动的怪物，不久就消失在浑浊的河水里了。

但是工程师在惊慌失措中还是拍摄了14张照片，并称这个怪物可以和雷龙相匹敌！

几十年过去了，对于西伯利亚龙真相的探索却并未停止，无数的探险家前往这里想要再次一睹它的神秘面貌……

◆ 文化艺术——龙

抚仙湖的**怪鱼**

小朋友们知道著名的尼斯湖水怪吗？那个曾经被当作"蛇颈龙"再生的大家伙让无数探险家为之疯狂，在江河湖海中总会有超出人类目前认知范围的事物，今天我们就走进美丽的云南，看看那里又发生了什么。

这件事被人们广泛知晓是从云南省的一家媒体发布的头版新闻开始的，这篇报道详细描述了这个抚仙湖出现的怪事——抚仙湖内"一头巨大的鱼来到岸边，露出头和脊背。脊背有小帆船那么大，头有牛身子大小"。为了表示这个鱼体积之大，这篇报道甚至用了"头"来形容它。

这篇报道没过多久，又有一家媒体报道称："头大似数百斤重的壮猪，尾宽2米，鱼背露出水面60~80厘米。"

连续两篇报道掀起了千层浪，更加引起了人们的关注，越来越多的人开始相信，在这已经有300万岁的高原深水湖泊里，也许真的存在现如今仍被人们所不了解的神秘生物。

抚仙湖形成已经有300万年了，它相当于12个滇池的容水量，浩渺无垠

知识小链接

海蛆，是生活在浅海烂泥中的一种软体小生物，学名叫"海沙蚕"，别名龙肠、海蜈蚣、水百脚、海蚯蚓、海沙蚕。

的湖面有 212 平方千米，平均水深 87 米，最深的地方甚至达到 155 米，它的蓄水量已经占据整个云南省湖泊蓄水量的 64%。湖中水质清澈，蕴藏着相当丰富的鱼类资源，因此人们相信抚仙湖出现神秘生物倒也在情理之中。

1983 年夏天，当地十几个渔民在鱼洞边捕捞海蛆，晴朗的天空不时有微风拂面，而平静开阔的抚仙湖水面也泛起阵阵涟漪，可是这十几个渔民却感到不对劲，因为今天这么有利的条件竟然连一条海蛆的影都没看到，正当他们诧异的时候，湖面突然出现一大片鱼群，有一亩田那么大一片，而且这鱼群都是渔民平常很少见到的，就看这些大鱼最小都有两米多长，而它们却前呼后拥着一条特别大的！岸上的渔民早已不知所措，因为那最大的一条鱼身子状如牛，又短又粗，身上黑乎乎的，怎么也不像鱼呀！

随后这鱼群好像因为人类的出现而受到惊吓，慢慢地回游，游到一处岩石底下时，很有秩序地潜入了深水区。

而这个状如牛的怪鱼早在 20 世纪 80 年代就已经有人亲眼目睹，看到这么大的怪物，难怪人们都会惊慌失措。

海蛆十分警惕，有一点点动静就会缩回到洞穴中，它们的洞穴是一块中性硬土，深度一般为 1 米左右，一般是垂直的。

云南省抚仙湖

传说中的海妖——大王乌贼

在许多国家的航海文明中也会有关于海妖的传说，它们或者凭借庞大的身躯攻击人类，取人性命，或者会发出奇怪的声音，迷惑人类的心智，而大部分传说中的海妖，都跟大王乌贼有几分相像，那大王乌贼又是什么样子的呢？

大王乌贼是世界上体型最大的无脊椎动物之一，同时也是世界上第二大的乌贼，一般幼年的大王乌贼身体长度在3~5米，而成年的大王乌贼身体长达12到14米，传说中最大的大王乌贼甚至达到了18米或者以上！难怪要叫它们大王乌贼，虽然是世界上第二大的乌贼，但是距离第一名巨枪乌贼也只差2到3米，随时挑战着第一名的宝座。

知识小链接

大王乌贼的触手没有钩爪，而是周边附有硬质锯齿的吸盘。大王酸浆鱿具有巨大的游泳鳍，但在胴体与触手的长度比例上则不如大王乌贼。两者的共同点在体色都是红褐色。

大王乌贼一般都生活在深海中，白天在深海中休息，到了晚上才会到浅海觅食，它们的食物就是其他鱼类，因为可以在漆黑的环境中毫无阻碍地出没，所以大王乌贼成了那些远航者的噩梦。

大王乌贼的威力也不容小

❖ 大王乌贼与抹香鲸大战

❖ 乌贼

觑，有船员曾经看到大王乌贼长达 20 多米的触手在甲板上横扫，把船上所有能够捉到的东西统统卷到海里！

大王乌贼的性情十分凶猛，人们经常看到它与抹香鲸搏斗，有人就亲眼目睹了大王乌贼用它那粗壮的触手和吸盘死死缠住抹香鲸的激烈场面，抹香鲸在动弹不得的情形下紧紧咬住大王乌贼的尾部，两个海中巨兽猛烈翻滚，搅得巨浪滔天！

因为大王乌贼生活在海底，所以它总能和来到深海觅食的抹香鲸相遇，大王乌贼使用的主要武器就是那十只"手臂"，上面布满了圆形吸盘，而吸盘边缘又有许多锯齿，它们甚至可以把抹香鲸的肉直接吸出来，或者用吸盘堵住抹香鲸的鼻孔。因为鲸鱼是哺乳动物，它们必须隔一段时间就到海面上换气，而狡猾的大王乌贼就利用抹香鲸的这个弱点，将其置于死地。

大王乌贼性情凶猛，而且相貌丑陋，总是在深夜骚扰过往的船只，不管大船小船，哪怕是浸没在水底的螺旋桨它也不放过，难怪人们会把它当作海怪！

■ Part5 第五章

深海巨怪

你都认识哪些章鱼呢？今天我们一起认识一位章鱼哥的同族，它就是巨型章鱼。

巨型章鱼，顾名思义，肯定是章鱼家族中的巨无霸！不只如此，这巨型章鱼还有一个很不好的名声，那就是——深海巨怪。这也难怪，谁让它总是挥舞着犹如 10 条长蛇一样的触手神出鬼没呢！

巨型章鱼的触手不仅长，而且可以自由伸缩，十分灵活，其中最长的两条触手加起来有 12 米长，而且还长有数百个用于吮吸的钵形体，最大的钵形体直径有 5.2 厘米，这两条长臂有着刀片一样锋利的齿棱，它能深深嵌入猎物的皮肉里，然后再用另外 8 条手臂将猎物紧紧缠绕起来，哪怕比它的体积大 20 倍也无所谓，只要被缠住就只能成为巨型章鱼的盘中餐了。

可是为什么巨型章鱼的名声如此不好呢？首先是因为传说的可怕，毕竟在科技尚不发达的时期，人们对深海领域知之甚少。传说中，深海中有无数可怕的怪物守卫，这些怪物都有着血盆大口，无比锋利的犬牙，一口就可以将人咬个粉碎，人们还发挥想象力给它们取了各种名字：暴龙鱼、恶魔鱼、蛇鱼、吞噬鳗、鬼鲨……这些怪物有着令人厌恶的身躯，有着可怕的脊骨，它

知识小链接

章鱼俗称八爪鱼，有吸盘，会喷墨，身体不太大，但触须很长，一般大的章鱼光触须就重达半斤。有些章鱼有相当发达的大脑，可分辨镜中的自己。乌贼是软体动物门头足纲乌贼目，本名乌鲗，有吸盘，会喷墨，俗名墨斗鱼或墨鱼。乌贼有一厚的石灰质内壳，有 8 条短腕、两条长触腕共 10 条腕以供捕食用，并能缩回到两个囊内。其腕及触腕顶端有吸盘。

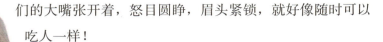

们的大嘴张开着，怒目圆睁，眉头紧锁，就好像随时可以吃人一样！

而这深海巨怪的第一次现身，得追溯到1896年底，在圣·奥古斯丁海滩，两位正在玩耍的男孩发现了一个巨大的白色生物体。它的身体有21英尺长，7英尺宽，体重达到了7吨，而且肉体还很有弹性。当地的医生、动植物学家都来确认了这个神秘的生物体，但是没有一个渔民或者科学家知道它究竟是个什么东西。

❖ 章鱼

当时最有名的头足类动物专家、耶鲁大学的阿狄森博士，断定它是一种未知巨型章鱼的尸体，并给了它一个"科学"名称——"巨型章鱼"。这就是"巨型章鱼"名字的由来了。

随后为了保存这个前所未有的生物体，人们把生物体的主干部分切下来，作为样品运到了博物馆，并给它取名为"史密斯人"。然而，之后的数十年间，这个生物体却慢慢腐化了。

到了1971年，一本名叫《自然历史》的杂志登出了三篇探讨"海底怪物"的文章。其中一位佛罗里达大学的教授写的篇名为《被发现的怪物》的文章称那个"史密斯人"实际上是一只巨型章鱼！但也有人表示那可能是鲸皮。

正当人们为"史密斯人"究竟是什么争得不可开交的时候，此类"深海巨怪"不断地被冲上海岸。这种多肉的庞然大物先后在澳大利亚塔斯马尼亚州、新西兰、百慕大群岛和纽芬兰等地海滩上出现。

这使观察者和研究者既兴奋不已，又困惑不已……截止到目前，人们对于这深海巨怪的争论还在继续，更加对那深水海域的未知世界充满了好奇，也许不久的将来，人类社会的科技水平更加先进，就可以前往深水海域一探究竟了。

■ Part5 第五章

神秘的海蟒

在西方世界中，从古希腊时期开始就有关于海蟒的记载了。而到了中世纪，海蟒在人们的传说中变成了与龙一样著名的怪兽。

最详细的记载出现在 1817 年，一艘航行在美国马萨诸塞州附近海面上的船遭遇了一条长约 40 米的怪物，当时看到它的人描述它的头跟响尾蛇很像，却和马头一样大，身体不仅长而且还有啤酒桶那么粗！

1959 年，又有两名英国人近距离目击了海蟒，它们的脑袋和蛇差不多，眼睛里闪着寒光，血红的大嘴巴几乎要把整个脑袋分成两半了，甚至能一口吞下一个人，模样十分恐怖。虽然到现在为止，全世界有几千人目睹过海蟒，人们却没有捕获或者发现过它们的尸体，所以，科学家们对于它们的存在持将信将疑的态度。

你还记得世界上最大的蟒蛇吗？就是那金灿灿的印度黄金蟒。可是，黄金蟒是生活在陆地上的，而且生命力很弱，那么大洋深处会不会也有蟒蛇存在呢？

关于这海洋中的巨蟒，得先从一个故事说起，这个故事已经流传很多年了，却是人类历史上第一次与海蟒的接触，而且这第一次接触就惊心动魄。

那是 1851 年 1 月 13 日早晨，美国捕鲸船"莫依伽海拉"号正在南太平洋马克萨斯群岛附近海面航行。清晨的大海平静得如一面镜子，在阳光

❖ 水蟒

下熠熠生辉。

突然，站在桅杆眺望的海员大声惊呼起来："看！那是什么怪物！"船长希巴里听到海员的喊声急忙奔上甲板，举起了望远镜说："那是海里很难见到的怪兽！我们快把它抓住！"紧接着，大船上放下3艘小艇，船长亲自带着矛，乘上小艇朝怪兽疾驰而去。

这个庞然大物身长30多米，颈部有5.7米粗，身体最粗的地方有15米！背部呈现黑色，而腹部则是暗褐色的，就像一条大船沉浸在了水里。

当小船靠近这个怪物的时候，船长一声令下朝那怪物刺去，顿时，血水四溅，这个怪物身负重伤，痛苦地在大海里翻滚挣扎，船员们冒着生命危险与其进行殊死搏斗，最后终于制伏了怪物。

之后，船员把它打捞上岸，船长把它的头切下来，竟然榨出了10桶水一样透明的油，虽然这个怪物的尸体没有被有效保存，但是作为人类第一次与海蟒的遭遇战，还是给人类带来了种种猜想。

迄今为止，有许多人目睹过海洋巨蟒，但它究竟是何类动物，还是一个谜。关于世界上的神奇事件有很多很多，就比如UFO是否真正存在？在宇宙中除了人类还有没有其他生命？诸如此类的问题都是世界未解之谜。不过，相信不久的将来，人类一定会凭借更先进的技术去验证的！

揭秘神奇的生物

海洋中的"牛头马面"

《西游记》中在地府里的小鬼"牛头"和"马面"的相貌很奇特，一个是牛头，一个是马面，这些形象都是作者勾勒出来的，但是世界上究竟存不存在这样神奇的生物呢？答案是——存在！

如果论相貌，海牛的相貌的确不敢恭维，说起来和我们已经认识的"儒艮"颇有几分相像，虽然儒艮与海牛都是草食性动物，它们俩的不同点在于头骨与尾巴的形状，海牛的尾部扁平略呈圆形，外观有如大型的桨；而儒艮的尾巴则和鲸类近似，中央分叉，近似于海豚的 Y 形尾，而且儒艮突出嘴外的长牙则近似大象。

知识小链接

陆地上有骏马，海洋中有海马；陆地上有狮子，海洋中有海狮；陆地上有豹子，海洋中就有海豹……现在我们知道了不只陆地上有牛，海洋里也有海牛，小朋友们还能想到哪些呢？一起来比比谁知道的最多吧！

❖ 人类的好帮手——海牛

海牛是海洋中的草食哺乳动物，不仅如此，海牛还有着"水中除草机"的美誉呢！

海牛的食量大得惊人，每天吃到肚子里的水草相当于体重的 5%~10%。如果把它们的肠子拉直可以达到 30 米。海牛吃草的时候它就像卷地毯一般，一片一片

◆ 人类的好帮手——海牛

地吃过去，简直跟除草一模一样呢。它的这种特异功能，在水草成灾的热带和亚热带的一些地区，可是很管用的！因为在那些地方，水草不仅阻碍水电站发电，还会堵塞河道和水渠，妨碍航行，还会给人类带来丝虫病、脑炎和血吸虫病等！

尤其在非洲有一种叫水生风信子的水草，曾在刚果河上游 1600 千米的河道里肆无忌惮地蔓延，连小船都无法通行，当地居民连必需的粮食都运不进去，最后被迫背井离乡。

当地的政府为解决这一危机，花了 100 万美元，沿河撒除莠剂，可是才刚除完，仅仅两周的时间，这些水草又卷土重来了！实在让人伤透了脑筋！后来当地政府得知海牛有"水中除草机"的

◆ 人类的好帮手——海牛

特异功能后，干脆在河道里放养了两头海牛。后来这种水草受到了有效控制。是不是很神奇呀！

海牛的自我宣言——虽然我很丑，但是我很温柔；虽然我食量大，却是人类的好帮手！

Part5 第五章

恐怖的巨型鱿鱼

2007 年，有人在海洋里捕捉到了一条身长 7 米的巨型鱿鱼，这也是人类第一次目睹地球上最神秘的动物的真面目，这个世界上最大的无脊椎动物引起了人们的热议。

澳大利亚的科学家在了解巨型鱿鱼之后表示，随着海洋环境的变化，巨型鱿鱼有可能取代鲨鱼和鲸鱼成为海洋新一代霸主。

巨型鱿鱼又叫大王鱿鱼，是世界上最大的无脊椎动物，而第二大无脊椎动物是大王乌贼。

❖ 鱿鱼

知识小链接

鱿鱼和乌贼是两种不同的动物，鱿鱼属软体动物类，是乌贼的一种，体色苍白，身体呈圆锥性，有淡褐色斑，尾端有三角形肉鳍。鱿鱼常成群游弋于深约 20 米的海洋中。目前人们在市场上看到的鱿鱼有两种：一种是躯干部较肥大的鱿鱼，它的名称叫"枪乌贼"；一种是躯干部细长的鱿鱼，它的名称叫"柔鱼"，小的柔鱼俗名叫"小管仔"。

被捕捞到的巨型鱿鱼为雌性，从头到触手约 7 米长，科学家们根据它的体型特征以及巨型鱿鱼的生长标准判断它目前还是未成年呢！因为，世界上已知的最长的巨型鱿鱼长度为 18.2 米。

那么这个被捕捞上岸的巨型鱿鱼是如何上钩的呢？科学家们用小鱿鱼作为诱饵，

巨型鱿鱼在捕食的时候用自己的触须紧紧地卷住了它，就像大蟒蛇在捕住猎物的时候会立即用身子卷住猎物一样，巨型鱿鱼卷起身子的时候就落入了陷阱，而当它意识到自己上当的时候已经无力逃脱了，因为钩子将它的好几条触手都

❖ 鱿鱼

钩住了。两个考察队员费了九牛二虎之力，将它拉上了船，但让人们感到遗憾的是，在拖拉巨型鱿鱼的过程中他们失败了一次，从而导致巨型鱿鱼受了重伤，不久后就不幸死亡了。

澳大利亚动物学家诺曼指出，巨型鱿鱼经常在水底1000米处活动，寻觅和袭击可作为食物的生物。它们的嘴部能够抓紧钢缆，再加上强而有力的触须，很多海洋动物都对巨型鱿鱼非常畏惧，恐怕自己逃不过巨型鱿鱼的"魔掌"。正如人类社会有超级强国一样，巨型鱿鱼实际上已成为海中的"超级巨无霸"。

❖ 鱿鱼

英国海洋生物学家马丁·柯林斯博士表示，日本人的研究将结束有关鱿鱼是被动猎手还是主动猎手的争论。也有人说，鱿鱼随洋流漂流，碰到什么抓什么吃，而这份研究报告的证据显示，它们其实非常

揭秘神奇的生物

❖ 鱿鱼

积极主动，触须会飞快地伸出来抓住猎物，可谓来者不拒！

澳大利亚的南极洲和南部海洋研究所研究员杰克逊在《澳大利亚科学》杂志上发表文章指出，人类不断捕捉巨型鱿鱼的最大天敌——鲨鱼和鲸，这样的后果会增大鱿鱼的生存和活动空间。同时，海水日趋温暖也有利于鱿鱼扩展捕捉食物的范围。联合国粮食及农业组织指出，巨型鱿鱼在海洋占据的"地盘"将会不断扩大。

据资料显示，巨型鱿鱼数目在过去25年的增长步伐已超过其他鱼类。加拿大卑诗大学水产学教授波利的研究证实，巨型鱿鱼在海洋的势力不断增强，这个趋势不只局限于南半球，全球各地都出现了同样情况。而这样的结果就是，随着海洋霸主鲸鱼和鲨鱼被人类不断地捕获，巨型鱿鱼很可能借此上位，成为新一代海洋霸主。

第六章
凶猛异常的家伙

安第斯神鹫是鸟类中的巨无霸，张开翅膀有5米多宽；金雕以其突出的外观和敏捷有力的飞行而著名；海东青甚至引起过种族大战！而孟加拉虎、雪豹、美洲狮可都是能吃人的大家伙，更别说那食人鱼和食人猴了。让我们一起去了解它们吧。

Part6 第六章

南美**神鹫**

AOMKANGDUWU

安第斯神鹫是安第斯山脉上空的守护神，拥有"安第斯文明之魂"的珍贵地位，在美洲地区还是多个国家的国鸟，如玻利维亚、智利、哥伦比亚和厄瓜多尔等国的国鸟，它代表着威严和高贵。

冷峻的外貌

安第斯神鹫又叫康多兀鹫，体长 1~1.3 米，而如果把双翼展开可达到 3.2 米，就像一个巨大的帐篷，小朋友们能够想象到它们展开双翅之后所形成的恢弘气势吗，它也因此成为世界上最大的飞禽。

◆ 飞翔的南美神鹫

看安第斯神鹫通体羽黑色，而雄鹫前额有一个大肉垂，裸露的颈基部有一圈白色的羽领，裸露的头、颈和嗉囊都呈鲜红色，两翼上有很大的白斑。

安第斯神鹫的中趾很长，后趾发育不全，而且所有趾上的爪都相对较直且很钝，所以它们的脚很适合行走，却不适合作为武器来抓捕食物，但是它们的喙是弯曲的，非常有利于撕开腐肉。

如何分辨安第斯神鹫的雌雄呢？雄鹫的瞳孔是褐色的，而雌鹫的则是深红色，而且它们的眼皮没有睫毛。

那么为什么称它们为南美神鹫呢？它们主要栖息在安第斯山脉中温尼佐拉至苔拉德福格的高山上，翼展达 3 米，体重达 15 千克，被认为是可飞行的最大的一种鸟，所以，人们称它们为"安第斯神鹫"，而安第斯山脉是南美洲的主要山脉之一，所以也就是南美神鹫。

威严的象征

在南美人民的心目中，安第斯神鹫的地位如同神仙一样。

安第斯人把安第斯神鹫当作"安第斯文明之魂"而加以尊敬，象征威严，同时也是它们国旗和国徽上的主要象征之一。

世界之最

安第斯神鹫主要栖息在悬崖峭壁上，在险山恶水中它们也能顽强地存活下来，由此可见它们顽强的生命力，而且它们还占据着两个世界之最呢！

其中一个是世界上最大的飞禽，另外一个是世界上最长寿的鸟类。在欧洲的一个动物园里，曾经有一只安第斯神鹫活了 70 多岁！完全可以和人类相媲美。那么你知道一般鸟类的寿命吗？看看下面这一组数据吧。

❖ 栖息在悬崖峭壁上的南美神鹫

走禽类：鸵鸟 30~40 年。

涉禽类：火烈鸟 30~50 年，灰鹤约 42 年，白鹤约 61 年，丹顶鹤 50~60 年。

　游禽类：红嘴鸥约 30 年，家鹅 40~50 年。

　攀禽类：鹦鹉 40~60 年，虎皮鹦鹉约 10 年左右。

　鹑鸡类：家鸡约 20 年，孔雀 20~40 年。

　鸠鸽类：鸽子 25~30 年。

　鸣禽类：小型鸟类一般 10~15 年；百灵鸟约 20 年，画眉约 15 年，云雀约 7 年，黄雀约 6 年，白腰文鸟约 10 年，芙蓉鸟约 10 年，麻雀 3~5 年。

　虽然安第斯神鹫的天然寿命是鸟类家族中最长的，但人类社会对它造成的伤害是深远的。近几十年来，由于人类的大肆捕杀，造成其数量锐减，而且在秘鲁南部著名的科尔卡峡谷，那里是游客观赏安第斯神鹫的理想地点，可是那里的高压电塔却电死过不少安第斯神鹫，人类社会对安第斯神鹫的伤害如此之深，难道还不应该反省吗？

Part6 第六章

最**勇猛**的鸟——金雕

金雕的命名不是由于它的羽毛是金色，不过如果说有金色，那么在阳光照耀下，它的头和颈后的羽毛倒是会反射出金属光泽，其实，金雕全身的羽毛呈粟褐色，而它之所以会有这个名字是因为它的希腊名直译过来就是金色的鹰。

不怒而自威

金雕的身体长约1米，体重4千克，虽然比不上安第斯神鹫，但是在雕类家族中却是个大块头了。金雕的脚部除了脚趾外，其他部分都被羽毛覆盖，羽毛会随风颤动，再加上锐利的眼神时刻关注着四周的动静，看上去仪表堂堂英姿飒爽。

知识小链接

海雕是隼形目鹰科的一属，是最古老的一类鸟。常栖息于水域附近。迁徙期间，在远离水域的草原或高山地区也能见到它们的踪迹。它们主要捕食鱼类，各种鸟类、啮齿类动物，有时亦取食腐肉或少量海藻。繁殖期间，多在海岸峭壁顶端的凹处或高大乔木树干的顶端营巢。巢以枯枝堆积而成，厚而高呈皿状。

金雕素以勇猛威武著称，这是因为它的飞行速度很快，在追击猎物时，它的速度一点也不逊色于猛禽中的隼。但是相对于隼类，金雕有着机智灵活的捕猎方式，可见它是一个有智谋的猎手。金雕在搜索猎物时，是不会快速飞行的，它们只会在空中缓慢盘旋，而一旦发现猎物，便会直冲而下，抓住猎物后就扇动双翅，疾如闪电般飞向天空。

有人记述过金雕从地面冲上天空，捕食飞行中野鸡的情形：金雕冲上天空，当飞到野鸡下方时，突然仰身腹部朝天，同时用利爪猛击野鸡。野鸡受伤后直线下落，金雕又翻身俯冲而下，把下落的野鸡凌空抓住，这哪里是在捕猎，简直是一位卓越的飞行家在表演。但是金雕的动作流畅、果断，丝毫没有差错，整个捕食过程一气呵成，十分潇洒。

知恩图报

金雕的巢都会建在高处，如高大树木的顶部、悬崖峭壁背风的凸岩等，因为这些地方人和其他动物很难接近，对于刚刚出生的小金雕来说是十分有利的。

❖ 捕食的金雕

而且一对金雕占据的领域非常大，甚至有上百平方公里，对接近它们巢的任何动物，它们可不会轻易就饶过它们。因此，研究金雕巢是一项冒险的活动。

然而，一位瑞典女鸟类学家却成功地进行了一次冒险活动。她发现了一个金雕巢，并想接近它。由于她的冒犯，金雕立刻发起攻击，在"叽——叽——"的尖利叫声中，金雕一次次向她俯冲，但每次她都敏捷地避开金雕的攻击。最后，金雕无可奈何，只好放弃攻击，盘旋着飞走了。于是，她在金雕巢对面的悬崖上建起观察点。她发现

❖ 凶猛的金雕

她所观察的巢中已经有两只浑身长满白色绒羽的幼雏，金雕每天都要飞出很远为幼雏寻食。久而久之，金雕习惯了这个不速之客，也就不再注意她。有一天，她换了一顶帽子，没想到此举又招来金雕的轮番攻击。她只好又换上原来的帽子，金雕才安然地飞去。金雕的这一举动引起她的兴趣，于是，她制作了一个假人，并为它穿上一身跟自己不同的衣服。她把假人背在背上走出来。金雕立刻发现了这个攻击目标。这次金雕成功了，它抓起假人，飞到离巢不远的一片空地上，丢下假人便飞走了。原来，这片空地是金雕的"粮库"，那里还贮存着一些金雕没吃完的动物尸骨。

时间一天天过去，小金雕渐渐长大了。一天，一只不安分的小金雕失足跌到巢下的山坡上。女鸟类学家赶忙前去搭救，捕食归来的金雕见状尾随而来。也许是由于女鸟类学家怀中抱着它们的"爱子"，这次金雕并没有发起攻击。待女鸟类学家把小金雕放回巢中，安然离去后，金雕才迫不及待地落到巢里。

可怕的战斗力

金雕的攻击力为何如此强大？回答这个问题首先要从金雕的爪说起。金雕的爪在鹰科动物中算是又粗又长的，可以说像狮虎的爪一样，而且又十分锐利。金雕在抓捕猎物时，其爪如同利刃一下子就能刺进猎物的皮肉里，并可将皮肉一下子撕裂，将血管一下子扯破。金雕的两只爪的力量也很大，可以一下子扭断猎物的脖子。

再有，它那展开超过两米的巨大翅膀，也是攻击的有力武器。有时它将翅膀扇将过去，猎物就会被扇倒在地。因此，在北半球它是大名鼎鼎的猛禽。它捕捉的猎物有数十种，其中有雁鸭类、雉鸡

❖ 凶猛的金雕

类、松鼠、狍子、鹿、山羊、狐狸、旱獭和野兔等，有时鼠类等小型兽类也成为它的佳肴。

由于金雕性格凶猛而攻击力极强，经过训练之后，它可以杀狼而护羊。在草原上，它可以长距离地追逐狼，当狼的体力透支跑不动时，它就一爪抓住狼的脖颈，一爪刺穿狼的眼睛，一举将狼击杀。据记载，曾有一只金雕创下击杀 14 只狼的惊人纪录。

猛禽 PK 猛兽，这可不是任何鸟类都能够做得到的！你是不是被金雕这种旺盛的战斗力所折服了？

❖ 凶猛的金雕

Part6 第六章

一只鸟引发的血案

一只鸟引发的

鸟类家族中能够引发血案的有很多，比如凶猛的金雕，而能够引发种族大战的却寥寥，这不，这"寥寥"之中就有我们即将认识的——海东青。

◆ 飞翔的海东青

乍一听这个名字你会不会觉得很奇怪，怎么会有"海东青"这样的鸟类呢？看名字应该是跟大海有关的动物吧？其实"海东青"在肃慎语中为"雄库鲁"，意为世界上飞得最高和最快的鸟，有"万鹰之神"的含义。传说中十万只神鹰才出一只"海东青"，是满洲族系的最高图腾。就是这样一种被赋予了神话色彩的鸟类，在我国历史上，曾经挑起了北方地区两个民族的仇恨，最终导致女真人起兵灭了辽国。

爱新觉罗·溥杰先生的《四平民族研究》创刊号封底题字为"民族之鹰海东青"，可以说，满族人民确如海东青一样，奋飞不止。有人考证"海东青"就是女真称号的真正含义，女真称号就是女

知识小链接

鹰是肉食性动物，会捕捉老鼠、蛇、野兔或小鸟。大型的鹰科鸟类（雕）可以捕捉山羊、绵羊和小鹿。它体态雄伟，性情凶猛，动物学上称它是猛禽类。在我国最常见的鹰有苍鹰、雀鹰和松雀鹰三种。

真族的民族精神的体现。遥想当年，女真人势如破竹，腾飞于白山黑水之间，犹如"海东青"搏击长空追捕天鹅之势，一举剿灭了辽、宋两个强大于女真数倍的封建帝国，问鼎中原，开辟了一个幅员万里的辽阔疆域。在女真人的整个民族精神世界

❖ 海东青

中充满了"鹰气"，在女真人的心目中海东青是最崇高、最神圣的英雄，后来满族人继承了女真族对海东青的崇敬之情，视其为宝物。

海东青是鹰的一种，身长不足 70 厘米，体重也仅为天鹅的五分之一，有"玉爪""波黄""秋黄""三年龙"等品种。其中，以纯白"玉爪"为上品。海东青还有其他的名字呢，比如"海青""鹰鹘""吐鹘鹰"等，后来满族人称它为"松昆罗"，也就是"东方之鹰"的赞誉，可见满族人对它的崇拜和尊敬之意，满族人对待海东青，就像汉族人对待龙一样，神圣不可侵犯。

可是为何海东青会如此得到他们的青睐呢？我国古代北方的民族以渔猎为生，由于海东青凶猛善猎而成为猎人们的好帮手，这是契丹、女真、蒙古、满族，一直对它宠爱不衰的根本原因。

我国的《野生动物保护法》明确规定：所有的猛禽都属于国家二级保护动物，严禁捕捉、贩卖、购买、饲养及伤害。

Part6 第六章

它是北美坏小子

> 在茂密的亚利桑那州森林里，一道红褐色的身影风一样滑过；在佛罗里达一簇茂密的植物丛中，无知的野猪并没有发现它的背后正潜伏着一个天才猎人；在落基山脉漆黑的夜里，一对淡绿色的小灯笼在迅速移动……

在美洲中部和南北部的丛林、高山、荒漠里，它们似乎无处不在，但是却不易被察觉，它们是谁？它就是美洲狮！号称"北美坏小子"，但是它真的是个坏小子吗？

现如今，人类已经踏入美洲狮的栖息地，并给当地的自然环境造成了严重的破坏，但是美洲狮仍然傲慢如牛仔一般，在北美大地上上演着一部野性传奇——捍卫自己的领地、袭击看中的猎物、与另一半谈情说爱……

美洲狮是一个好猎手，而且这种捕猎的本领似乎是天生的，看它那流畅的骨架，再包裹上强劲的肌肉，厚实的皮毛，还有它锋利的冷兵器——犬牙和利爪，更加所向披靡。

美洲狮的视力非常好，是人眼的6倍，而且到了晚上能够聚集更多微弱的光线，所

◆ 北美的坏小子——美洲狮

以，到了夜晚才是美洲狮独步天下的时候，因为它就像戴了夜视镜一样可以看清一切！而且它漏斗形的耳朵十分灵敏，其他动物打嗝或者肚子咕咕两声，它都能听得见！

美洲狮，既不是狮子，也不会吼。狮子属于猫科动物中的豹类，美洲狮则属于山猫类，可是该怎么区分呢？有三大标准——发声、休息的样子、进食的方法。

同样是大块头大嘴巴，为什么狮子就能威风八面地吼叫，美洲狮只能呼噜呼噜地"嘀咕"呢！其实，这是由于舌头基部的构造不同，才导致发声差异。说到这儿，我们也可以为大型和小型猫科动物划清界限了，除了看个头的大小，还有一个重要标准就是发声，这也是为什么美洲狮虽然体型庞大，却只能归属到小型猫科类的原因了。

和人类社会一样，猫科大家族中也有奇异"人士"——狮子，大家都独处，但它偏偏群居；猎豹，大家都有爪鞘保护爪子，它却没有；沙漠猫呢，

❖ 北美的坏小子——美洲狮

竟然可以一辈子不喝水！不管怎么说，作为猫科动物，它们是世界上最优雅的动物。

可是美洲狮的现状却让人们很心痛，因为农

❖ 北美的坏小子——美洲狮

场主对它们大开杀戒，说它吃掉了自己农场里的牲畜；居民们上山猎杀，说它威胁了自己和亲人的安全；有的民族认为它是有魔法的猛兽，对其除之而后快！随着人类的扩张——向荒地推进、砍伐森林，甚至有政府允许人们大开杀戒，把和人类争地方的美洲狮排挤出局。这个"坏小子"真的很坏吗？事实上，人类被美洲狮杀害的概率比被闪电劈中或蜜蜂蜇中的概率还小。

还好，现在有越来越多的人关注美洲狮的

命运，在许多地方，已经立法保

护它们了。

❖ 北美的坏小子——美洲狮

Part6 第六章

与少年派一起**漂流**的孟加拉虎

世界上第一只野生孟加拉白虎于1951年在印度被发现并捕获，被取名为"莫罕"。世界上现有的几百只白虎全部都是它的子孙。

孟加拉虎的野外生存能力特别强，不然怎么能和少年派一起在海上孤零零漂流那么久，即使最后已经骨瘦如柴了还坚持走向属于自己的世界呢！不管是冰冻三尺的喜马拉雅山针叶林，还是亚热带的沼泽地，或者印度北部苍翠繁茂的热带雨林，还有那枯枝败叶覆盖的山林，它都可以顽强地生存下来。

野生的孟加拉虎以食白斑鹿、水鹿、印度黑羚、印度野牛和野猪为食，有时也能爬树捕食灵长目动物而其他的捕食者，如豹、狼、鬣狗、豺、鳄鱼、蟒、黑熊也极有可能成为孟加拉虎的盘中餐，而且在比较罕见的情况下，孟加拉虎也攻击小象和犀牛，因为孟加拉虎的宣言就是——虽然我不是体型最大的，但我是最凶猛的，心大，舞台就大！哪怕是孤零零地漂流在大洋中心呢，它也能够"捕鱼"为生！

但是因为人类的破坏，孟加拉虎的活动范围和能够捕获的食物大大减少，从而导致孟加拉虎吃人事件频繁出现，不少孟加拉虎也因此被关

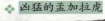

❖ 凶猛的孟加拉虎

孟加拉白虎是孟加拉虎的一种变种。由于基因突变，导致孟加拉虎原本橙黄色底黑色条纹的毛发转变成白底黑纹。

进"管理所"接受再教育。但这毕竟是人类有错在先。

人类不仅破坏它们的生存环境，还直接威胁着它们的生命，剥夺了它们生存的权利，因为从它们身上，人类会得到它们的皮毛作为服饰，还会得到它们的骨头作为药材，虽然孟加拉虎很凶猛，但是怎么敌得过人类手中高科技的猎枪呢。

根据 2005 年的数据表明，目前全球野生的孟加拉虎总数大约为 4580 只。其中 3500~3750 只在印度，300~440 只在孟加拉国，而中国却只有 30~35 只，可以称得上是极其珍贵的动物了。

孟加拉虎能够在海上漂流几百个日夜之后照样活下来，却不能够在食物来源充足的陆地上获得长久，难道人类还不应该反省，还给它们和人类同等的生存权利吗？

❖ 凶猛的孟加拉虎

Part6 第六章

雪地里也有**猛兽出没**

我们在严寒的冬天都会躲在温暖的室内，可有些动物们偏爱生活在冰天雪地里，你能说出几种不怕寒冷的动物吗？

其实，还有一种并不为人们所熟知的动物，而且它可不是一个小角色呢，不仅美丽，而且凶猛，它，就是雪豹。

喜欢避暑

雪豹栖身于海拔 2500 ～ 5000 米高山上，而且哪里冷偏偏往哪里跑，比如到了夏季就会跑到海拔 3000 ～ 6000 米的高山上去，所谓高处不胜寒嘛，鸟类大部分都是迁徙到温度高的地方去过冬，而雪豹则是去往寒冷的地方去避暑。到了冬季，它们就又会跟随着食物的迁徙而来到海拔 2000 ～ 3500 米的地方。但并不是绝对如此，因为有学者在珠穆朗玛峰北坡考察的时候，曾在海拔 5300 米高山营地的附近见到过一只雪豹。

虽然其他地方也有雪豹的踪影，但是都不如在高山上发现得多。比如内蒙古包头以西约 10 千米的乌拉山（最高海拔 2185 米）一带的雪豹则常年在海拔 1000 米左右的环境中生活，也

❖ 喜欢冷天的雪豹

有居住在海拔 600～1500 米的草原地带。

美貌与智慧并存

雪豹周身布满了黑色的花纹，而且通体雪白，再加上那些美丽的图案，像极了一个"时尚达人"。

雪豹不仅有着美丽的外貌，而且可谓"秀外慧中"，因为同时它也是一个很厉害的猎手，感官敏锐的它们行动干脆利落，从不拖泥带水，就像《冰河世纪》里面的剑齿虎一样，一阵风来，一阵风去，从不拖沓。

知识小链接

岩羊，体型中等，形态介于野山羊与野绵羊之间。雄羊角粗大似牛角，但仅微向下后上方弯曲。主要以青草和各种灌丛枝叶为食。冬季啃食枯草。它们还常到固定的地点饮水，但到寒冷季节也可舔食冰雪。擅攀援，一跳可达 2~3 米，若从高处向下更能纵身一跃十多米也不会摔伤。主要天敌是雪豹、豺、狼，以及秃鹫和金雕等大型猛禽。中国国家二级重点保护野生动物。

在捕食岩羊时它先是悄悄窥伺羊群的活动，待其放松警惕时则当机立断，发动突然袭击，直扑其咽喉从而一招毙命！行动迅捷、干脆、利落！而且本来就生存在高原的它们，不像平原豹那样养尊处优，即使是悬崖峭壁照样如履平地，五米左右宽的沟壑一跃而过，两三米的岩石更是轻轻一跃就上去了，而且它们最喜欢在雪地里隐身，反正自己的皮毛和周围的环境十分合拍，就像穿了一件隐身衣。

❖ 喜欢冷天的雪豹

雪豹的忧伤

我们领略了雪豹的美丽，可又怎么知道这美丽的外表也给它们带去了隐患呢？雪豹是促进山地生物多样性的旗舰类物种，是世界上最高海拔的显著象征，还是促进跨国界的国家公园或保

护区建立的环境大使，也是健康的山地生态系统的指示器。

但是它那美丽的外衣在市场上有很高的价格，豹骨

❖ 喜欢冷天的雪豹

还有着极高的药用价值，为了牟取暴利，人类不断地捕杀雪豹，使雪豹的数量急剧下降。这些残忍的行径给它们带来了巨大的生存压力，没有人确切知道野外现存多少只雪豹，估计种群数量仅有几千只。虽然孤寂的雪豹已被列入国际濒危野生动物红皮书，但是它们的哭泣和忧伤究竟能不能唤醒人类的同情呢？

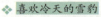

❖ 喜欢冷天的雪豹

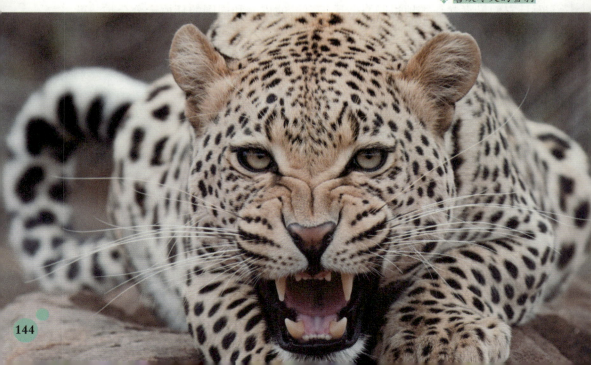

Part6 第六章

悄无声息的**水下杀手**

如果说鲨鱼和鲸鱼会对人类的生命安全构成威胁倒也无可厚非，因为它们可是海洋中的霸主，不仅体型巨大，而且类似于大白鲨那样的性情还十分暴戾，可是，如果只有人类手掌大小的鱼也会对向人们发出致命攻击的话，其凶残程度，就不可小觑了。

世界上存在着很多这样凶残的食人鱼，它们或许在南美洲风景如画的水域里伺机而动，或许在东南亚的河流中悄悄埋伏，或许在巴布亚新几内亚附近海域里直接跃出水面主动发起攻击，小朋友们，珍爱生命，远离食人鱼呀！

首先是南美洲亚马孙三角洲水域，别看这里表面上一派祥和的景象，在那看不到的水底可有致命生物在蠢蠢欲动呢！

这个坏家伙叫作比拉鱼，这种鱼的身体又短又扁，体长不过 20 厘米，模样十分丑陋，它有一口凿子一样尖利的牙齿，完全可以在铁板上咬出清晰的牙印呢！它一口就可以把人的手指咬断，所以牛、马、羊这些牲畜轻易都不敢下水，因为在它们的进攻下，没有生还的希望。

除了比拉鱼，还有一个和它狼狈为奸的伙伴——坎迪拉，这种小鱼体长不足 10 厘米，虽然是个小个子，它却专门从落水

❖ 比拉鱼

❖ 鬼毒鲷

者的鼻子、咽喉、肛门等要害部位钻入，直接在落水者体内吸血噬咬。

其次在东南亚等地的河流中，有一种当地人称之为"水虎鱼"的食人鱼，它最显著的特点是那两排锯齿一样的牙齿，泛着冷光，随时准备嗜血为乐。它们常常集体出动，仗着鱼多势众对巨大的动物也敢发起轮番攻击，每一次进攻都会从猎物身上狠狠咬下一块肉，几分钟时间就会把活生生的猎物啃得只剩下一副骨架。

因此，在水虎鱼出没的地方，渔民总是会小心翼翼，但是也有许多防不胜防的时候就被它们残忍地咬断了手指，甚至葬身鱼腹。

还有一种生活在东南亚珊瑚礁中的怪鱼——鬼毒鲷，它也是水中的冷血杀手。这种奇丑无比的鱼常伏在礁石之间，很难被发觉。然而，当你不小心踩中它时，灾祸便从天而降，它的肉质鳍中的十几根毒刺会把毒液注入人体而置人于死地。

还有，在巴布亚新几内亚附近海域，有一种叫颌针鱼的杀人鱼。这种鱼长约 30 厘米，嘴巴像把锋利的尖刀。它能飞快地飞出水面，把长达 7.5 厘米的尖嘴插入人的喉咙或肺部，就像放冷箭一样，让人猝不及防！这种鱼被人们列为海洋中最危险的杀手，曾经一个月内杀死了 20 多个渔民，创下了鱼类的杀人纪录，被人们列入了杀手名册！

此外，海洋中还有许许多多鱼类杀手，如刺鳐、刺河豚、电鳗以及梭子鱼等都是杀人不眨眼的冷血杀手。因此，当我们沉醉于沿岸的秀丽景色、享受海水的温柔时，千万别忘了自身的安全，或许可怕的杀手正在不远处虎视眈眈呢。

食人鱼的游速不够快，因此一般只会结集成群发起攻击。这对于许多鱼类来说无疑值得庆幸，但是捕食时的突击速度还是极快的。

Part6 第六章

性情暴戾的**吃人猴**

猴子是人类的近亲，而且它们是那么聪慧，非常惹人喜欢，小朋友们最喜欢的肯定是孙悟空对不对？可是，在孙悟空的家族中，也有性情暴戾的"坏蛋"，它就是吃人猴！

吃人猴出没在菲律宾的崇山峻岭中，它们就像狼一样可怕，因为它们最喜欢吃的是人肉，最喜欢的玩具是人类的头，所以，它们经常下山到村庄里袭击人类，给人们的生活带去了极大的危害，因此，人们就给这猴子取了一个"吃人猴"的恶称！

吃人猴的形体和人类很相像，它浑身上下都长满了毛，而且它们的生活习性是灵长类动物中进化得比较好的，喜欢群居的它们有着非常严密的组织，就像划分了不同的集团和领地一样，而且它们还具备一定的说话能力呢！

"吃人猴"群居在树木茂密的山谷、一些偏远无人

揭
秘
神
奇
的
生
物

居住的小岛和<u>丛林</u>地带，这很值得人们庆幸，毕竟那些地方人烟稀少。其实如果不攻击人类的话，它们还是很自由自在快乐生活的一群，晴天就晒日光浴，睡在自己用藤编织成的吊床上；雨天就用树枝、树叶等搭成简陋的掩蔽物，以便夜间躲在其中睡觉，它们就像原始人类那样生活着。

知识小链接

　　灵长目是哺乳纲的一个目，是目前动物界最高等的类群。大脑发达眼眶朝向前方，眶间距窄；手和脚的指（趾）分开，大拇指灵活，多数能与其他指（趾）对握。

　　"吃人猴"在得到人类关注之后，广泛引起了科学家们的研究兴趣，并对其进行了深入的探讨和研究。

　　但是科学家们出现了意见分歧，有的人认为，这种吃人猴是在人类演化过程中被遗留下来的一个环节。而有的人则认为吃人猴虽然能够直立行走，还能使用天然工具，但是它们没有进化成人，所以它们

是从猿进化到人的系统中的一个旁支。这样不同的意见还有很多，有待科学家们进一步考证。也有人认为，吃人猴的集体顶多算作是群，还没有达到氏族部落的程度。到底应怎样来认识吃人猴，还是一个没有最终结果的问题。

　　主要分为原猴亚目和猿猴亚目，分布于世界上的温暖地区。灵长目中体型最大的是大猩猩，体重可达275千克，最小的是倭狨，体重只有70克。

Part6 第六章

空中**强盗**——军舰鸟

军舰鸟，从它的名字小朋友们可以想到它的那些特征了呢？没错，它的体积很大，一般而言，体长可以达到一米左右，如果两个翅膀伸展开来，能达到2.3米，那么除此之外，它还有哪些特征呢？

军舰是海洋中的霸主，体积庞大，看上去十分雄伟，不过，这军舰鸟空有一身本领却不具有浩然正气，因为，它可是海洋中臭名昭著的强盗，看它白天在海洋上四处巡游，它不是在保卫海洋安全，而是时刻窥伺着海里的食物，一旦海面上有鱼出现，它就会从天而降，准确无误地抓获水中的猎物。

❀ 求偶的军舰鸟

❀ 飞翔的军舰鸟

为什么说军舰鸟是强盗呢？那是因为它的羽毛不能沾水，所以依仗自己高超的飞行技能，它就在海洋上空打家劫舍，看到其他海鸟捕获了食物，它就冲过去拦路抢劫！

遭受它迫害最深的就是它的邻居红脚鲣鸟了，人家好不容易捕获的鱼虾，都会被它强取豪夺，但是它们打不过军舰鸟，

揭秘神奇的生物

知识小链接

军舰鸟科一共有 5 种：白腹军舰鸟、白斑军舰鸟、（小）军舰鸟、（大）军舰鸟和丽色军舰鸟。

只好乖乖就范。军舰鸟把别的鸟用汗水换来的食物据为己有之后，就会继续寻找下一个倒霉的家伙。

长此以往，军舰鸟的名声就不好了，怎么也摘不掉那个强盗鸟的帽子了。

军舰鸟生活在热带、亚热带地区，如何分辨它们呢？雄性军舰鸟具有鲜红色的喉囊，在求偶的时候就会充满气体，膨大的像个球一样，十分滑稽。

❖ 飞翔的军舰鸟

❖ 喜欢集体生活的军舰鸟

150

第七章
生物的独门绝技

　　大自然最不辞辛劳的清道夫是屎壳郎，它们以粪为食，默默无闻地为净化地球贡献力量；有一种叫作蚁狮的昆虫专门吃蚂蚁；有一种神奇的小昆虫，它有一个小小的灯笼，为黑暗的夜幕增添了光亮，它就是萤火虫；苍蝇是最不招人喜欢的，可是它从来不生病的特质也为人们的研究提供了新的方向；猪笼草会捕食苍蝇，有了它就不用担心苍蝇嗡嗡作祟了；人参是大补之药，因为它能够让人们延年益寿，深受人们的喜爱……让我们看看它们的绝技吧！

Part7 第七章

大自然的**清道夫**

对人类来说，民以食为天，而对于屎壳郎来说，恐怕是"以粪为天"了，因为动物的粪便等腐质物是它们唯一的食物。为了夺取粪便，呆头呆脑的屎壳郎练就了很多过硬的本领。

我们生存的这个世界，从某种意义上而言，是建立在屎壳郎的辛勤劳作之上的，这并不夸张，因为我们这个世界上的各种地方都有动物在相互竞争，当然同时它们也会留下大量的粪便，这些粪便并不需要人类去帮它们清理，因为在动物世界中，有专门的清道夫，担任起了这个清洁的工作，它就是屎壳郎。试想一下，如果这个世界上的粪便不能及时的清理，那么我们生存的环境还会如此整洁美丽吗？恐怕早就成了臭气熏天的地方了。从这个意义上，我们怎么称赞屎壳郎都不为过。

知识小链接

南非开幕式最经典一幕：在开幕式上，南非女歌手马兹瓦伊与硕大的屎壳郎一同歌唱，随后巨大的世界杯官方用球"普天同庆"滚入场内，又被屎壳郎推出表演场地，颇为有趣。

屎壳郎听起来很不雅，当然它也有更为体面的称号——圣甲虫。这可不是过度的褒奖，而是它的真实写照，见过屎壳郎的人可以看到它那金光闪闪的甲胄，还闪现着宝石般的光泽。联系到屎壳郎的丰功伟绩，再过华丽的衣衫都不为过，而且它也不会在乎这些外表，我们姑且把它当作大自然的馈赠吧。

由于食物链的物质积累作用，植物和动物都能够在自然界中吸收微量元素，并且在体内积累和浓缩，屎壳郎喜爱的食物不但给它们提供了丰富的营

❖ 屎壳郎

养物质，还提供了珍贵的金属，这些金属修饰了它们的外表，而且里面还有黄金呢！如果小朋友们把 1000 克屎壳郎扔进冶炼炉进行冶炼，最后就能得到 25 毫克的黄金。

那么屎壳郎是如何开始从事这一项伟大的环保事业的呢？全世界每天的产粪量恐怕无法统计，大大小小的动物都是这一资源的供给者。

澳大利亚曾经专门从中国等地运送了一批屎壳郎。澳大利亚是一个畜牧业发达的国度，澳大利亚人为遍地羊粪所苦恼，可是本地的屎壳郎只喜欢袋鼠粪而对羊粪无动于衷。迫于无奈，澳大利亚就专门研究喜欢羊粪的屎壳郎，最终从世界各地进口屎壳郎，去净化环境，其中有不少都是从中国运送的。就这样，中国的屎壳郎搭乘飞机到了澳大利亚，帮助那里的人。

实际上，屎壳郎被非洲人民认为是图腾神物，因此由它推着世界杯用球出场，绝非恶搞。对于屎壳郎的含义，现场解说员解释说："它们总是辛勤劳作，排除万难，滋养肥沃的土地。"

❖ 作业的屎壳郎

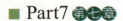

Part7 第七章

古老的杀手——螳螂

如果去野外玩，你一定见过螳螂，当它们高举阔斧耀武扬威的时候，是不是觉得它们很威风呢？

尤其在盛夏时节，螳螂常在草丛或树枝上观望，或做短暂的停留休息，或静静等待猎物的出现。它们常常出现在田间和林区，因为螳螂喜欢捕食的虫类有很多，而且它们的繁殖能力还很强，能够消灭掉很多农林害虫，从而被赋予了"森林卫士"的赞誉。

螳螂的身体很长，大部分都是绿色的，当然也会有褐色或者带有花斑的种类，这种特殊的形态让它成了昆虫界的偶像，具有很高的观赏价值，在国外已经有人将它作为宠物饲养了，法国昆虫学家法布尔给螳螂起了一个"修女"的名字，以此来称赞它典雅优美的身躯。

螳螂是昆虫界的一员虎将，且不说那绿色的伪装服，还有那两把锋利的大刀，恐怕其他昆虫早就被它们的恐怖模样吓傻了。而螳螂的成名，还在于，它们会吃掉自己的配偶……

❖ 古老的杀手——螳螂

知识小链接

螳螂属于捕食性昆虫，喜欢捕捉活虫，特别是以运动中的小虫为食。

动画片《黑猫警长》中黑猫警长曾经破获了螳螂小姐弑夫事件，雌螳螂"吃夫"恶名和雄螳螂"殉情"的美名你一定有所了解。

然而，事实的真相不是饥不择食，而是雌螳螂为了强化受精才会不得已而为之，为了繁衍出它们的后代，雄螳螂会在新婚之夜请求雌螳螂吃掉自己，因为它们继承了上一辈流传下来的传统，为了更好地繁衍后代。所以，要从客观的角度去理解，不能偏听偏信，也要用博大的胸怀去理解这不合世俗的行径，这样，才能够有更开阔的胸襟去海纳百川。

近年来，因环境污染，螳螂的数量正在减少，如何充分利用螳螂资源、保护生态平衡，也是今后值得思考的话题。

❖ 古老的杀手——螳螂

Part7 第七章

沙地杀手传奇

黯淡的光线，荒凉的沙丘，稀稀落落的低矮植物无精打采地垂着脑袋，一只蚂蚁从洞穴里爬了出来，不知是在寻找食物，还是要锻炼身体，突然，它陷入了砂砾中，拼命地挣扎，可是砂砾下面似乎有什么东西牵绊着它，蚂蚁越陷越深，最后消失在砂砾中。

如果你屏息静气地看见这一幕，就一定会明白了，这个看上去平静的沙丘，处处布满陷阱，不只是针对大型的动物，连小小的蚂蚁也不是能够逃脱的。

或许你没有听说过那只将小蚂蚁杀掉的杀手，因为它是沙漠里相当低调且不引人注目的杀手——蚁狮。听名字就知道它可

◆ 蚁狮

是蚂蚁的克星，事实也是如此，不论是可怕的黑山蚁，还是凶猛的红蚂蚁，甚至是体积比它大很多倍的步行小昆虫，都是蚁狮的捕食对象。如果你不集中注意力，根本就看不到它，因为它的身体只有 1 厘米左右，而且浑身的颜色跟身旁的沙土一致，更因为它总是在沙土下面活动，轻易是不会抛头露面的。

蚁狮，这名字听上去就很霸气，应该是一种很凶神恶煞的动物吧，其实，它还有一个让人听了发笑的名字——沙猪，这是因为它胖嘟嘟、圆滚滚的大肚子，又喜欢在沙地里活动。除此之外还有一个叫名字叫"老倒"，这是因为它在挖洞的时候，总是喜欢借助腹部的收缩倒退着移动，虽然它有六只细

知识小链接

蚁狮广泛分布在世界各地，以山林、海岸边居多，但人多的地方不会有蚁狮。在无人干扰的沙地或小山丘，仔细观察地面，如果能看到像漏斗状凹陷的痕迹，那就是蚁狮的家（也是陷阱）了。通常会有 5～10 个聚集在一起，有些地方数量更多。运气好的话，你能看到蚁狮猎食的激烈场面，但更多的时候你是看不见它们的，更别提捉住它们了。

长的脚。

蚁狮有一个很神奇的特质，这个特质可能会让蚂蚁们不开心——一只蚁狮的杀手生活会持续三年左右。所以，蚂蚁们就断不可掉以轻心了。那么三年以后蚁狮就会金盆洗手退出江湖吗？是的！三年以后，蚁狮就会用丝和泥土搭建一个球形的茧，然后把自己困在里面，开始化蛹。如果一切顺利的话，一个月之后，一只貌似蜻蜓的家伙就会破茧而出啦！它全身暗灰色，大约有 1 厘米长，小小的脑袋，还有两对透明的、狭长的翅膀，还有一对触角呢！这个时候的蚁狮不见了！而是变身为成虫，并且还改了名字，叫作蚁蛉。

蚁蛉一反童年时期的爱好，相比沙丘，它更喜欢水。于是，它离开沙丘，来到了溪流附近，蚁蛉虽然有翅膀，却不擅长飞行，所以它们常常停在树上。蚁蛉有保护色的保护而且还喜欢在夜间活动，所以人们很难发现它，不过，这些都不影响它成为一个肉食主义者，还是喜欢吃蚜虫之类的小型昆虫，甚至是腐烂的尸体也会在它们的菜单上出现。

❖ 蚁蛉

不过，并不是所有的蚁蛉在童年时都喜欢筑穴捕食。有些种类的蚁狮就喜欢伪装成与周围环境一样的形态来"守株待兔"。

■ Part7 第七章

谁会水上轻功

它有着轻盈的身姿，可以在水上跳舞，所以，人们叫它"水上的舞者"。它仿佛练就了轻功，不管什么动作都不会跌倒，这种特异功能不仅让其他昆虫艳羡，也给人类带来了许多启发。

当我们游山玩水在水边逗留的时候，就会看到水面聚集了许多小昆虫，它们会随时跳跃，身后就留下了圈圈波纹，它们不是会游泳，而是能够轻盈地在水上快速滑行，而且不担心会跌入水中，这种昆虫就是水黾。不熟悉它们的人以为它们是生活在水边的蚊子，其实不然，它们虽然有娇小的身躯和细长的腿，看上去和蚊子很像，但实际上它们可差得远呢！

水黾的身体细长，整体形状是轻盈的纺锤形。有些种类的水黾有翅膀，有的却没有翅膀。它们的头很小，上面长着一对球形复眼，还有细长的触角，头下则长着尖锐的针状取食器官，精致小巧的前足，可以灵活地跳跃，还能够捕捉食物，而又细又长的中足和后足，则布满了浓密且带有油质的细毛，有很好的防水功能，从而为它们在水中自由自在地嬉戏提供了有利的条件，就像喜欢滑冰的小朋友如果穿上一双冰鞋就可以随心所欲地玩了。

水黾能在水面上快速地滑行，却不会沉没到水中，就像是穿了一双舞鞋，在水面上不停舞动，滑行的时候前后中足各有分工。后足专门控制前进方向，中足就像船桨一样向后滑动，推动身体

❖ 水上轻功——水黾

知识小链接

蚊子的种类有很多，全球已知的有3300多种，它们是传播黄热病、疟疾、丝虫病和登革热的罪魁祸首。

前行。而且，水黾对水面的动静十分敏感，哪怕有一滴水溅到了水面上，它们也会匆忙逃走。这是因为它的足关节之间有一层特殊的薄膜，这个膜上带有灵敏度很强的感震细胞，能够察觉到水面上的一丝丝波动。对于水生昆虫而言，时刻掌握四周的情况是相当重要的，这可是性命攸关的事情，无论是送上门来的美餐，还是猛扑过的敌人！

青蛙、娃娃鱼等两栖动物能够长时间闭气，所以可以在水中短期生活；鱼能在水中长期生活，是由于有用于呼吸的鳃、可供升降和平衡的鱼泡。那么，水黾这类昆虫能在水面上行走，是什么原因呢？

水黾在水面上滑行的时候，会在身体后部产生毛细波和螺旋状的漩涡，它的足每排击一下就会产生一组三条波纹的毛细波，但是这并不能够为水黾提供在水中前进的动力，反倒是那类似半球形，半径约0.4厘米的漩涡能够帮助水黾前行，那是它的中足做双桨式滑行的时候产生的。因为这对漩涡做反向运动，所以能够提供足够的动力，借助漩涡的推动力，水黾能够以1.5米每秒的速度向前行走，如此轻盈快捷，就像在做水上漂！

人类就根据水黾水上漂的绝技进行了仿水黾模型承载力试验研究，说不定以后也会制造出像滑冰鞋那样的鞋子，如果那样的话，人们也可做水上的舞者啦！

❖ 水上轻功——水黾

Part7 第七章

蜘蛛侠的**特异功能**

"小小诸葛亮，独坐军中帐，摆成八卦阵，专抓飞来将。"说的是什么呢？你一定知道谜底，没错，就是蜘蛛。如果小朋友们喜欢观察的话，就能够在窗台或者屋檐的角落里发现它们。

相对于蜘蛛，小朋友们应该更了解蜘蛛侠吧，他拥有超能力，能够飞檐走壁惩恶扬善，但你知道蜘蛛侠的撒手锏是什么吗？没错，就是那随时都可以喷射的蜘蛛丝，那么如果蜘蛛侠遭遇了蜘蛛，会擦出怎样的火花呢？

蜘蛛不仅是最顶尖的捕猎者，还是昆虫界"杰出建筑师"。蜘蛛的全部建筑艺术就体现在它织出的蛛网上，不信就看呀！

首先让我们来看一下蛛网的结构，虽然蜘蛛的种类有很多，而且不同种类的蜘蛛织网的结构也各有不同，但是一般都只有放射状的蜘蛛丝和椭圆形的蜘蛛丝组成。蜘蛛在结网时，会先构筑放射状的骨架丝线——纵丝。纵丝主要是支撑蜘蛛网结构的，强度大，但没有黏性，所以在骨架完成之后，蜘蛛接着会以逆时针的方向织造螺旋状丝线，也就是横丝。如果小朋友们仔细观察，就会发现上面有水珠似的凸起，它们被称为黏珠，也就是它让落网的昆虫难以脱身的。

在蜘蛛的腹部尾端一般有 6~8 个纺丝器，而与每个纺丝器对应的就是蜘蛛体内功能各异的丝腺，不同的丝腺能产生不同的丝线原料，蜘蛛就根据需要择优选取。所以蜘蛛会给自己织出一条没有黏性的纵丝，避免自己在网上活动时被粘住。这可是蜘蛛的秘密呢！

▲ 蜘蛛

蜘蛛的天敌有很多。蟾蜍、蛙、蜥蜴、蜈蚣、蜜蜂、鸟类都捕食蜘蛛，有的寄生蜂寄生于蜘蛛卵内，有的寄生蝇的幼虫在蜘蛛卵袋中发育，小头蚊虻昆虫几乎全部都是以幼虫的形式寄生到蜘蛛体内的。

在蜘蛛网完工后，蜘蛛还会从网中心拉出

❖ 蜘蛛

一根丝作为自己的信号丝，这样就可以躲到网的一角隐蔽起来，等食物自投罗网啦！

蜘蛛常用多种方法来御敌，如排出毒液、隐匿、伪袋、拟态、保护色、振动等。当逃不掉时，而自己的附肢被敌害夹持时，干脆切断自己的附肢一走了之，因为自断的步足在蜕皮时还会再生。

❖ 蜘蛛织网

Part7 第七章

苍蝇不生病

生老病死，是人类不可避免的自然规律，而自然界有没有超出这个规律之外的呢？有！而且还是令人讨厌的苍蝇。

苍蝇是臭名昭著的"逐臭之夫"，在垃圾箱等藏污纳垢的地方都能看到成群结队的苍蝇在嗡嗡作乱。苍蝇全身都带着病菌，而自己却从不被病菌所感染，从生到死都不会害病，莫非苍蝇练就了"金刚不坏神功"？这其中的奥妙又在哪里呢？

许多生物学家、病理学家对苍蝇进行研究后终于发现了苍蝇对付疾病的秘密！

这是因为苍蝇具有强大的消化系统，它们吃了带有多种病菌的食物后，能够迅速在消化道里面处理，有用的吸收，而那些无用的废物和病菌就会被及时地排出体外。

❖ 不生病的苍蝇

苍蝇从进食到消化到吸收再到最后把废物排出体外，这一系列复杂的过程它们只需要 7~11 秒的时间，也就是小朋友们眨几下眼睛的时间，它们就已经全部搞定啦！那些进入苍蝇体内的细菌还没有来得及繁衍就被苍蝇排出了体外，如此高速度、高效率的处理方法，没有一种动物

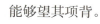

能够望其项背。

一般而言，一些哺乳动物从进食到排便最快的也得几十分钟，更别说树懒或者考拉那样懒惰的动物了，而人类在正常情况下是 24 小时排便一次，所以当人们吃了带有病菌的坏东西的时候，如果不能及时控制病菌和毒素，它们就会在人体

❖ 不生病的苍蝇

内兴风作浪，人们的身体就会生病了。

不过，虽然苍蝇能够快速地排除病菌，但是有些细菌繁殖的速度比它们排出病菌的速度还要快，这个时候苍蝇不就要倒霉了吗！苍蝇才不会担心这一点，因为它们还有撒手锏，不过也是在不得已的情况下才动用的。

有一名意大利的科学家莱维蒙尔尼卡博士曾经研究发现，如果有病菌侵犯苍蝇机体，苍蝇的免疫系统就会自动"发射"BF64、BD2 两种球蛋白。这两种球蛋白就相当于人类使用的"原子弹""氢弹"一样，不过它们主要攻击目标是苍蝇体内的病菌，一旦发射，就会与"敌人"同归于尽。而且它们就像有精密的系统自动控制一样，从来不会因为意外而颠倒了发射顺序，比高科技计算机还要精确呢，所以，它们两者的结合能够迅速杀死敌人，从而保证了苍蝇的健康。

很值得一提的是，苍蝇体内的那两种球蛋白比青霉素的威力要强千百倍，

❖ 不生病的苍蝇

所以，如果能够提取苍蝇体内的 BF64、BD2 用于人类治病，那可就是病人的福音了呢。

苍蝇的嗅觉器官是非常发达的。它的嗅觉感受器分布在触角上，每个感受器都是一个小腔，每个小腔里，都有上百个神经元，每个感觉神经元树突的嗅觉杆都突入腔中。这种感受器能与外界沟通，因此灵敏非凡。

Part7 第七章

蚕宝宝的呓语

你养过蚕宝宝吗？看着它们圆鼓鼓、肥嘟嘟的身体是不是觉得它们很可爱呢？

仔细观察过蚕宝宝的人一定觉得它们很懒对不对，因为它们总是睡了吃，吃了就睡，而且它们的成长速度非常快，刚刚从卵里孵化出来才是一个小东西，而吃几天桑叶之后就会骤然长大，仿佛长大就是一瞬间的事儿。然后呢，它们就开始睡觉，一睡就是一天，不过，睡醒之后它们就会脱去旧皮换上新装，这一次换装过后，蚕宝宝其实已经过了一周岁生日了呢。

蚕宝宝

过完一周岁生日，蚕宝宝继续吃桑叶，然后再睡觉，然后再换装，这样反反复复连续四次，就好像蚕宝宝过生日就是要换新衣服似的，到了五岁的时候，它们就不吃桑叶了，而是要准备吐丝了，也就是成语"作茧自缚"所描述的那样！

虽然蚕宝宝很懒，但是它们懒也是有原因呢，你们听，它还在说着梦话，它说，这是它成长过程中自我更新的方式呢，宝宝成长的过程是做运动、补充营养，而蚕宝宝的成长方式就是吃了睡、睡了吃。

吃桑叶的时候呢，蚕宝宝就在给体内积累丰富的蛋白质，而经过几轮脱胎换骨，蚕宝宝就长大啦，也就不需要再补充营养啦，可是那些多余的营养怎么办呢？就只好排泄出去，这个排泄过程就是吐丝。

那么，蚕宝宝又是怎样吐丝的呢？原来，蚕体内有一对半透明的管状器官，叫作"丝腺"。丝腺从血液中大量吸收氨基酸，合成蛋白质，从而消除了血液中过剩的氨基酸。

丝腺在吸收了氨基酸、合成蛋白质之后，就以丝的形式分泌出去。这种丝是一种带有强黏稠性的半流动体，由后部丝腺分泌的叫"丝素"，由中部丝腺分泌的叫"丝胶"，而丝素和丝胶是两种结构不同的蛋白质。丝素流经中部丝腺，就被丝胶包围，流经前部丝腺时，丝素与丝胶已经完全黏着成一根柱状的绢物质了，再前进到吐丝部，左右两管的绢物质完成会合，于是就形成了我们看到的样子了。一只蚕宝宝吐出来的丝能够达到 3000 米呢，所谓"春蚕到死丝方尽，蜡炬成灰泪始干"就是这样一种情形了！

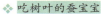
❖ 吃树叶的蚕宝宝

Part7 第七章

提溜着小灯笼的旅行家

萤火虫是一种既美丽又神秘的昆虫。唐代有诗"的历流光小，飘摇弱翅轻；恐畏人不识，独自暗中明"，十分形象地描述了萤火虫的形态。小朋友们也一定知道南宋诗人陆游脍炙人口的诗句"老翁也学痴儿女，扑得流萤露湿衣"吧。

❖ 萤火虫

然而从古到今，人们对萤火虫还缺乏科学认识。更有甚者，有一个"化腐为萤"的荒谬说法误传甚久。

当夜幕降临的时候，你坐在青青草地上看着漫天飞舞的流荧和眨巴眼睛的繁星，听着周围的虫鸣鸟叫，清风拂面来送来了阵阵花香，感觉就像进入了一个梦幻世界，让人流连忘返。

可是，现代农业、现代工业、现代都市化的高速发展，自然环境受到毁灭性破坏，使得原本在生态系统中且数量较大的萤火虫逐渐消失甚至灭绝，让人心痛不已。

萤火虫渐渐消失的原因有很多，其中一点就是萤火虫对环境非常挑剔。一旦植被遭到破坏、水质被污染、空气变污浊，它们就会无影无踪。"换句话说，如果萤火虫在哪个地方消失，就足以说明哪个地方的环境已经遭到破坏。"

据说，萤火虫带着尾部小小的光明冲进黑夜，为的是寻找心仪的爱情。你是不是也很好奇为什么萤火虫总是提溜着一个小灯笼呢？

头尾灯鱼又名灯笼鱼、提灯鱼、车灯鱼等。主要分布于南美洲的圭亚那和亚马孙河流域。体长4～5厘米。体长而侧扁，头短，腹圆。两眼上部和尾部各有一块金黄色斑，在灯光照射下，反射出金黄色和红色的色彩。鱼在游动的过程中，由于光线的关系，头部和尾部的色斑亮点时隐时现，宛若密林深处的萤火虫，闪闪发光，因而得名。

这是因为萤火虫的腹部末端有发光细胞和发光器。发光细胞里含有荧光素及荧光酶，在接触到空气时，就会发光了。但是，它所发射的光并不热，是一种冷光，也叫作荧光。

萤火虫的种类很多，全世界大约有两千种，常见的有大萤、牛萤、黄萤等。夏日夜晚，萤火虫会在河边、池边或是田间出现。

那么萤火虫又为什么要发光呢？这是因为雌性萤火虫总是在漆黑的草丛中爬，而雄性萤火虫总是在夜幕中飞行，有些聪明的雌萤学会了其他种类雌萤的发光信号，然后模仿，用来引诱其他种类的雄萤，当雄萤靠近时，雌萤就会把雄萤吃掉。

萤火虫的尾部发光，是为了寻找对象呀！作家木心先生说，萤火虫是会呼吸的钻石。而只能在乡村中看到的萤火虫，闪着童话般的光亮，渐渐离我们远去了，这不免让人伤感。

❖ 萤火虫示意图

■ Part7 第七章

乌贼的 "贼"

相对于陆地上的动物而言，海洋中的动物显得更加神秘，看那色彩斑斓的乌贼，如果小朋友们一不留神，它已经消失得无影无踪啦！

海中的 "变色龙"

乌贼会随着周围环境的变化来改变自己的体色，就像变色龙一样会改变自己的颜色从而把自己隐藏起来，比如当它们靠近珊瑚的时候，就会把自己变得五颜六色，而如果靠近了砂砾或者海藻，就会变成灰色或者绿色，所以，如果乌贼不想让你看见它，那你就不可能看见它了！

乌贼跟鱼没关系

虽然乌贼生活在海洋里，并且还有一个"墨鱼"的称号，但是乌贼和鱼一点点关系都没有。

乌贼属于头足类动物，它们的近亲是章鱼和鱿鱼。乌贼有 8 只触须，其中两只长一些，用来捕食，它们通过触须后圆筒状的虹吸管喷水作为动力来移动，还有一圈像裙子一样的鳍来辅助它们移动呢！

❖ 乌贼

所以，乌贼的行动速度不快，而且由于没有坚硬的外壳做盔甲，乌贼很容易就成为鲨鱼或其他捕食者的美餐了。

这个时候为了保住小命，乌贼就要使出自己的撒手锏了！

乌贼的墨汁

乌贼体内有一个墨囊，里面满满的都是墨汁，如果遇到了敌人侵害，当然前提是自己的伪装竟然被敌人识破的时候！

乌贼就会从墨囊喷出一股墨汁，把周围的海水染得墨黑，然后乘机逃之夭夭。而且乌贼的墨汁中含有毒素，可以用来麻痹敌人。但是储存这一腔墨汁需要很长时间，所以不到万不得已，它们是不会随意释放墨汁的。

浑身是宝的乌贼

乌贼是一种食物，据说肉感十分鲜脆爽口，还具有很高的营养价值，除此之外，还有药用价值，里面含有碳水化合物和维生素 A 及钙、磷、铁等人体所必需的物质，是一种高蛋白、低脂肪的滋补食品。

乌贼墨囊里的墨汁也可以加工成为工业原料，墨囊同时也是一种药材，内壳可喂笼鸟以补充钙质。

乌贼的内脏可以榨制内脏油，还是制革的好原料。

乌贼的眼珠可制成眼球胶，是上等胶合剂。

乌贼的墨汁含有一种黏多糖，实验证实对小鼠有一定的抑癌作用。

乌贼还是我国四大海产（大黄鱼、小黄鱼、带鱼、乌贼）之一，捕捞量很大。

看到这些，小朋友们是不是也觉得乌贼虽然很贼，却有很重要的价值呀！

知识小链接

头足类软体动物的眼睛之大是罕见的。乌贼眼睛的直径是躯干直径的十分之一，大王乌贼的眼睛有小车轮那么大，直径可达 40 厘米；体长 30 米的蓝鲸，它的眼睛也不过 10~20 厘米。但最不寻常的还是深水枪乌贼的眼睛：有的如同望远镜似的向上竖起；有的则生在细长柄上，向两旁伸出很远；有的两眼并不对称：左眼比右眼大 3 倍。

Part7 第七章

沙漠里的**供给站——骆驼**

在沙漠中行走，骆驼无疑是最好的旅伴了。看那千里戈壁，茫茫无边，沙浪滔天，干旱少雨，在这里，水真的和黄金一样宝贵，因为，水就是生命。

更为严峻的是，沙漠里几十里甚至几百里都见不到一个村落。在这样艰难的路途上驮人载货，再没有比骆驼更合适的了。就如同在青藏高原上的"高原之舟"——牦牛一样，在沙漠里，只有那耐酷热、耐寒冷、耐干旱的"沙漠之舟"——骆驼能够胜任。

这是因为骆驼自身具有的特殊生理功能，让它能够适应沙漠的种种恶劣气候！

知识小链接

牦牛是高寒地区的特有牛种，草食性反刍家畜。主要产于中国青藏高原海拔 3000 米以上的地区。

❖ 沙漠之舟——骆驼

抗高温，不怕烫

骆驼的腿上有一大片胼胝，所以即使骆驼是趴在被炎炎烈日晒得滚烫的沙子上，它都不会烫伤！骆驼的脚掌又宽又厚，走路的时候，两个脚趾分开，这样就不会

陷到松软的沙子里去了，而如果骑马在沙漠里奔跑就一定比不过骆驼了，因为马蹄很窄小，承受的重力大，很容易就会陷进去，小朋友们试想一下，一匹跑起来一瘸一拐的骏马怎么比得上一匹在沙子上如履平地的骆驼呢！

❖ 沙漠之舟——骆驼

抗干旱，不会渴

沙漠里有水的地方极少，但是骆驼的嗅觉很灵敏，能够准确无误地确定水源的位置，从而帮助人们去寻找水源，而且每当沙漠里刮起风沙的时候，它的鼻孔就会紧紧闭合起来，很神奇吧。

骆驼巨大的口鼻就是保存水分的关键部位，骆驼鼻子内层呈现蜗形，这就就大大增加了呼出气体通过的面积。到了夜里，它的鼻子内层从呼出的气体中回收水分，同时冷却气体，让自己的体温降到最低，骆驼的这些特殊能力可以使它比呼出温热气体的人类节省70%的水分呢。

而且骆驼还有一个神奇的生理功能，那就是通常体温升高到40℃左右的时候才开始出汗。这样，骆驼极少出汗，再加上很少撒尿，就又节省了体内水分的消耗。

❖ 沙漠之舟——骆驼

揭秘神奇的生物

天然储藏室

　　在骆驼的背上有高高隆起的部位，那就是驼峰，里面储存了许多脂肪，相当于全身重量的五分之一呢！也正是这丰富的脂肪，可以在骆驼找不到食物的时候用来维持体能，同时脂肪在氧化的过程中还能产生水分，有助于保证体内有足够的水分，所以，这个驼峰既是骆驼的食品仓库，也是它的水塔呢！

Part7 第七章

被施魔法的**冬虫夏草**

它与人参、鹿茸并称中国三大补药，它"下半身"是虫，"上半身"是草，既是动物，又是植物，令人瞠目不已，而且它只在海拔3000米以上的青藏高原生长，它的价格能够与黄金相媲美，它就是神奇的中药材——冬虫夏草。

这样神奇的生物就像作家蒲松龄笔下的《聊斋志异》里记载的有灵性的小精灵一样神奇，难道真的有神奇的魔法存在吗？其实不然。

冬虫夏草究竟是什么呢？其实，冬虫夏草只不过是一种菌类，那为什么要这样称呼它呢？

在青藏高原海拔3000~5000米的地方，有一种叫作蝙蝠蛾的动物，它的幼虫在每年冬天都会钻入地下过冬，而同样藏身于土壤中的还有一种被称为虫草菌的真菌，它们则喜欢寄生于昆虫体内，于是当蝙蝠蛾的幼虫遭遇了真菌虫草菌的时候，奇妙的组合就这样产生了。

这种真菌会钻进蝙蝠蛾幼虫的体内，慢慢地吃光它的五脏六腑，从而获

❖ 神奇的冬虫夏草

得营养能量，最后，这只幼虫就会被吃的只剩下一具躯壳了，躯壳之下覆盖的则是真菌的菌丝，春末夏初的时候，这些菌丝又会从虫的头部长出一根有柄的、细长的棒形子座，并延伸到地面上看上去就像长了一棵小草一样，这就是"夏草"。这样一来，僵死的幼虫与真菌的子座便组成了"冬虫夏草"的组合。

　　所以，冬虫夏草既不是动物，也不是植物，而是一种菌类。既没有什么魔法，也没有小精灵存在，只不过是神奇的大自然给我们变了一个小小的戏法而已，当然你还可以去探究其中更深层次的原因。

　　冬虫夏草十分稀有，不仅是因为它的生长环境是在青藏高原上，还因为它有很高的药用价值，所以遭到了一些利欲熏心的人疯狂采挖，而一切过度的行为都产生消极的影响，如今冬虫夏草面临灭绝的困境。如何运用人工培育的方法保存它，是一项科技难题。

　　蝙蝠蛾的飞行速度很快，但无一定方向。它们的幼虫钻入茎内，或生活在地下吃草根。在一些人的概念中，把凡是由虫草属的真菌寄生并能产生子实体的菌物结合体都称为冬虫夏草，但中国传统的中医药学所指的冬虫夏草是特指分布于我国青藏高原及其边缘地区高原甸中的中华虫草菌。

❖ 神奇的冬虫夏草

Part7 第七章

此物只应**天上有**

小朋友们一定很想吃《西游记》里那个三千年一开花，三千年一结果，再三千年才得以成熟的人参果对不对？虽然那个神话里的人参果不常见，但是人参倒是有缘得以一见的！

你知道"东北三宝"是什么吗？我来告诉你们，它们是——人参、貂皮、乌拉草。

那么这人参的神奇在于何处呢？为什么会有这样的赞誉呢？

❖ 人参

十全大补

在人们的心目中，人参有着相当重要的地位，人们不惜用"神草"和"中药之王"的美誉来赞美它，这当然与人参那祛病滋补、延年益寿的功效有关。除此之外，它还可以益智健脑，可以当作补品。

在苏轼的诗《次韵正辅同油白水山》中，这位大文豪不惜用极其华丽的辞藻来赞美它"朱明洞里得灵草，翩然放杖凌苍霞。岂无轩车驾熟鹿，亦有鼓吹号寒蛙。仙人劝酒不用勺，石上自有

◆ 人参

樽罍洼。径从此路朝玉阙，千里莫遣毫厘差。"这是因为苏轼也栽培人参，并服用它，以滋补身体，必定是在受益之后写诗来称赞的！

对于老年人来说，人参称得上是大补之物，能够缓解老年人的智力减退、思维迟钝、记忆力消退等老年病，这样延年益寿的药中珍品怎能不叫人喜爱呢！

知识小链接

貂皮是"东北"三宝之一，素有"裘中之王"之称。貂皮属于细皮毛裘皮，皮板优良，轻柔结实，毛绒丰厚，色泽光润。用它制成的皮草服装，雍容华贵，是理想的裘皮制品。

副作用

人参具有延年益寿的功效，还能够强身健体，刺激骨髓造血功能，帮助肝脏排毒，虽然人参的药理功效有很多，但是如果服用不适宜的话，是会产生毒副作用的！

人参可以增强机体的抵抗力，而且对各种有害刺激有抗御作用，但必须适量服食，如果使用不当、过量服用的话，就会适得其反，得不偿失。例如，长期大剂量服用人参的人，会出现高血压、神经过敏的症状，所以，服用人参的时候需要定时、定量，把握好服用的时间和时机才好。

如此神奇的人参又有着怎样的习性呢？有一点让人觉得很奇特，那就是人参害怕强光照耀，喜欢土层肥厚又能遮风挡雨的地方。而且还有一个神奇的传说，如果上山采人参，千万不要大声说话，因为这样会把它们吓跑的！

■ Part7 第七章

会**跳舞**的草

你见过会跳舞的草吗？不是那种跟随威风摇曳身姿的舞蹈，而是真的会跳舞呀！

这种神奇的草又叫情人草、风流草，它们是山谷里的精灵，长相也很古怪，树不像树，草不像草，高约60厘米，光滑的茎，就像舞者的纤纤细腰，长长的叶子，就像舞者的手臂。

跳舞草跳舞也是分时间的，在风和日丽的日子里，气温在24℃以上的时候，那些小叶片就会自动交叉、转动、弹跳，然后再回到原处，然后再开始跳动，就像跟着音乐有节奏地进行似的！看得人眼花缭乱的，而慢慢地，夜幕降临了，这个时候欢快地舞蹈了一天的跳舞草也该休息啦，它们的叶片就会紧紧贴着光滑的枝干，就像舞者垂下了自己疲惫的胳膊，安安静静地开始休息了。

更为神奇的是，如果

知识小链接

向日葵是一种一年生草本，高1~3米，茎直立，粗壮，圆形多棱角，被白色粗硬毛，性喜温暖，耐旱，能产果实葵花子。原产北美洲，主要分布在我国东北、西北和华北地区，世界各地均有栽培。

❖ 跳舞草

在跳舞草的旁边播放音乐，它们就会犹如恬静的少女一般，缓缓起舞，而如果是杂乱无章、毫无节奏地大吵大闹，它们就不开心，动也不动一下！原来这跳舞草还是有原则的舞者呢！

　　而关于跳舞草的舞动之谜，许多植物学家则认为和阳光有关，还有就是它们体内的生长素变化，就像向日葵喜欢跟着太阳的角度旋转一样，但是跳舞草欣赏音乐的品位，则更需要进一步探究了。

Part7 第七章

懒人必备的捕蝇神器

到了夏天，你是不是要为那嗡嗡乱撞的苍蝇烦恼啦，苍蝇拍、粘蝇纸、电蝇拍……各种武器轮番上场，可是有一种很神奇的捕蝇神器会让你听了恨不得马上入手呢！它就是——捕蝇草！

捕蝇草不过是一种多年生的草本植物，和其他的花花草草一样，有根、有茎、有叶、有花朵、有种子，可是它的神奇之处在哪里呢？

小朋友们仔细看——以叶端的中肋分界，分为左右两部分，就像一张血盆大口，专门来捕食昆虫！

捕蝇草的捕食夹就像一对贝壳，猎物就被夹在其中，等到消化完了才会再次

捕蝇草

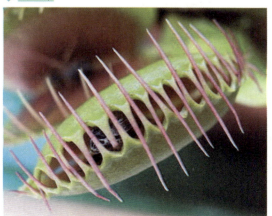

打开。

这个捕食夹怎么会这么厉害呢？在肉眼很难发现的地方有3对细细的感觉毛，这些敏感的东西就是用来侦察昆虫是否走到合适的位置的；一旦捕虫夹将猎物夹住，排列在外缘的刺状毛就会

交错闭合，防止猎物逃脱；等猎物完全被控制后，夹子内壁上的许多微红的斑点会分泌出特殊的腺体，将昆虫慢慢消化。

可谓瞬间取昆虫的性命，并且悄无声息，比起拿着苍蝇拍左拍拍右拍拍是不是省力多啦？

❖ 捕蝇草

Part7 第七章

植物界的神秘猎人

有种植物叫猪笼草，是不是很有趣，那么我们一起来认识一下它吧！

猪笼草的家乡在印度尼西亚、菲律宾这些气候炎热的地方，在当地是十分有名的，因为它是一种能够捕食动物的植物，而且胃口很大，不仅能够捕食昆虫，连小鸟和小老鼠也都能够被它吃掉！这是因为它有一个大大的捕虫笼，这个笼子可大可小，可高可低，可伸可缩。

❖ 猪笼草

猪笼草善于攀援树木或者沿着地面生长，它的叶子像椭圆形，末端还有笼蔓，而笼蔓的末端又形成了一个漏斗状的捕虫笼，还有笼盖呢，看起来就像猪笼一样，所以它也就因此而得名啦！

猪笼草最擅长的手法就是守株待兔，可是它怎么把小动物们吸引过来呢！猪笼草当然有自己的秘诀。捕虫笼的口和盖子能够分泌出一种香香甜甜的蜜，小昆虫们闻到这个味道就会从四面八方赶过来，当它们飞到笼口吃蜜的时候就会不小心滑倒笼子里，说时迟那时快，笼盖瞬间就会盖上，那些惊慌失措的小昆虫就成了瓮中之鳖。它们当然会想办法逃走，但是这捕虫龙的内壁都是绒毛，它们左冲右撞只会让自己更受伤。

❖ 猪笼草

　　那么猪笼草是怎么解决掉自投罗网的小动物们的呢？这还得从这捕虫笼说起。当有小动物掉入陷阱的时候，猪笼草的消化腺就会分泌出消化液，然后和根部的水分混合之后，就会产生很强的分解作用，那些小动物逃不出去了，左冲右突又变得筋疲力尽，最后就会掉落在分泌液里，几天之后就被消化得只剩下一个空壳了。

　　猪笼草的笼子形态各异，不过大概有 50 厘米高，25 厘米宽，有的呈喇叭状，有的呈圆筒状，而且颜色也很多变，有绿色的，有红色的，还有玫瑰色的，而且为了更好地引诱不知情的小动物，捕虫笼的最艳丽的部分就在它的笼唇，这些笼唇外翻或者内翻呈波浪形，方便猎物爬向笼口，也方便它们跌入陷阱。

　　猪笼草没有可以移动的四肢，却能够不费吹灰之力地捕捉猎物，在植物界的猎人当中，可谓数一数二的佼佼者呢！

灵芝究竟有多灵

灵芝，就是传说中的仙草，在很多传说故事中灵芝是救死扶伤、起死回生，让人们长生不老的灵丹妙药。

灵芝的长相不是很出众，论出身，它和蘑菇一样，都是一种大型真菌。不过长相可就大大不同了，蘑菇有一个圆圆的伞盖，而菌柄是在伞盖的正中央的。灵芝因为生长环境的特殊，长相也很多样，它会有奇妙的分枝，还有各种各样的色彩。既然和蘑菇一样属于真菌类，那么灵芝也是用"孢子"繁殖的，因为体内没有叶绿素，所以它们就没有办法和阳光、空气、水一起进行光合作用，而是寄身于活着或死去的有机体身上，吸取它们残留的营养，过着寄生生活。

了解灵芝的真实生活，我们来看看灵芝是否真有传说中的那么神奇。

灵芝的确是一种药材，有滋补、强身的保健功效，也可以治疗神经衰弱、慢性肝炎等慢性病，还可以消炎、利尿，因此，灵芝只是一种很好的药材，但灵芝并不如传说中的那样能够包治百病、让人长生不老。

灵芝也没有那么稀奇罕见，在我国许多地方都可以看到，而且品种很多。我

❖ 灵芝

揭秘神奇的生物

知识小链接

孢子植物是指能产生孢子的植物总称，主要包括藻类植物、菌类植物、地衣植物、苔藓植物和蕨类植物五类。孢子植物一般喜欢在阴暗潮湿的地方生长。

国的海南岛称得上是灵芝的王国，在这里可以见到30多种灵芝，而且在人工栽培方面也有很大的进展，所以在药店里就可以看到啦！

关于灵芝还有很多著名的神话故事。秦始皇统一六国之后，曾四处寻找长生不老药，有一个叫徐福的人就进言说："东海有个蓬莱仙岛，那里住着神仙，岛上还有珍宝，其中有灵芝仙草，吃了可以长生不老。"于是，秦始皇就派给徐福3000名童男童女，让他们乘船去蓬莱仙岛寻找长生不老药。可是，他们却没有找到，吓得不敢再回来了。

这个传说给灵芝增添了神奇色彩，也广泛流传开来，使灵芝成了人们传统观念中的灵丹妙药了。

❖ 灵芝